生命科学实验指南系列

分子生物学实验技术
基础与拓展
Molecular Biology Techniques:
Foundation and Enhancement

黄立华　王亚琴　梁　山
邓惠敏　赖建彬　谷　峻　张晓娟　著

科学出版社

北　京

内 容 简 介

本书由两部分组成。第一部分"基础篇"精选了 10 个最基础的分子生物学实验和一个综合实验，包括 PCR、DNA 提取、酶切、连接、转化、蛋白质电泳等。在每一个实验的最后，都增加了相关的拓展环节，用于拓宽学生对该知识点的理解。第二部分"拓展篇"主要适用于具有一定基础的科研工作者（研究生或研发人员）进一步深入开展研究，内容包括总 RNA 提取、实时定量 PCR、基因定点突变、热不对称交错 PCR、蛋白质原核表达、蛋白质印迹、凝胶迁移实验、多克隆抗体制备、植物转基因操作和昆虫转基因操作等。

本书可供普通高等学校、医学院校、生物类研究所本科生和研究生，以及从事生物化学与分子生物学工作的科研人员使用。

图书在版编目（CIP）数据

分子生物学实验技术：基础与拓展/黄立华等著. —北京：科学出版社，2017.11
  ISBN 978-7-03-055058-3

Ⅰ. ①分⋯ Ⅱ. ①黄⋯ Ⅲ. ①分子生物学–实验–高等学校 Ⅳ. ①Q7-33

中国版本图书馆 CIP 数据核字(2017)第 266822 号

责任编辑：马　俊 / 责任校对：邹慧卿
责任印制：赵　博 / 封面设计：北京铭轩堂广告设计有限公司

科学出版社 出版
北京东黄城根北街 16 号
邮政编码：100717
http://www.sciencep.com
北京天宇星印刷厂印刷
科学出版社发行　各地新华书店经销
*

2017 年 11 月第 一 版　开本：720×1000　1/16
2024 年 7 月第六次印刷　印张：8
字数：160 000
定价：48.00 元
(如有印装质量问题，我社负责调换)

作者简介

黄立华 男，出生于1975年10月。2007年毕业于中国科学院动物研究所，获博士学位。2007~2009年在美国康奈尔大学昆虫学系从事博士后研究，2016~2017年在美国加利福尼亚大学（尔湾分校）分子生物学与生物化学系访学。现任华南师范大学生命科学学院教授。专业方向为生物化学与分子生物学，研究领域为昆虫发育调控及转基因昆虫。E-mail：HuangLH@scnu.edu.cn。

王亚琴 女，出生于1972年9月。2003年毕业于中国科学院华南植物园，获博士学位。2003~2010年在华南理工大学生物科学与工程学院任副教授。2008~2009年在美国康奈尔大学BTI（Boyce Thompson Institute）访学。2010年调入华南师范大学生命科学学院。2014~2015年在美国康奈尔大学农业与生命科学学院园艺系访学。现任华南师范大学生命科学学院教授。专业方向为遗传学，研究领域为植物分子发育与遗传。E-mail：yqwang@scut.edu.cn。

梁　山 女，出生于1968年12月。2007年毕业于中山大学，获博士学位。现任华南师范大学生命科学学院副教授。专业方向为遗传学，研究领域为兰科植物开花控制。E-mail：liangsh@scnu.edu.cn。

邓惠敏 女，出生于1984年12月。2012年毕业于华南师范大学，获博士学位。现任华南师范大学生命科学学院副教授。专业方向为生物化学与分子生物学，研究领域为昆虫发育调控。E-mail：denghuiminmin@163.com。

赖建彬 男，出生于1980年12月。2009年毕业于中山大学，获博士学位。2009~2013年在美国康奈尔大学分子医药系从事博士后研究。现任华南师范大学生命科学学院副教授。专业方向为遗传学，研究领域为植物蛋白质修饰。E-mail：laijianbin@hotmail.com。

谷　峻 女，出生于1976年12月。2005年毕业于中国农业大学微生物学系，获博士学位。2007~2009年在美国康奈尔大学植物病理学与微生物学系从事博士后研究，2016~2017年在美国加利福尼亚大学（河滨分校）微生物学系访问。现任华南师范大学生命科学学院副教授。专业方向为分子微生物学，研究领域为微生物资源及应用。E-mail：gujun@scnu.edu.cn。

张晓娟　女，出生于 1988 年 12 月。2015 年毕业于华南师范大学生物化学与分子生物学专业，获硕士学位。现任华南师范大学生命科学学院助理实验师。E-mail：zhangxiaojuan0035@163.com。

前　言

　　1941 年美国科学家 Beadle 和 Tatum 提出"一个基因，一种酶"，这被称为分子生物学发展史上的第一个重要发现。2000 年 6 月 26 日，人类全基因组测序计划顺利完成。前后不到 60 年的时间，分子生物学发展突飞猛进。近年来，各种新型分子生物学技术不断涌现，如第三代基因组测序、以 CRISPR/Cas9 为代表的基因组编辑技术、转基因技术等，正迅速推动着一场新的生物技术变革。DNA 条形码、转基因植物、基因治疗等正深刻地影响着我们的日常生活。身处这个时代的我们，如何去理解、适应乃至引领这场生物技术变革，确实需要我们每一个人去认真思考。

　　分子生物学技术种类繁多，发展迅速，要一一掌握几乎是不可能的，也没有必要。所有高深的分子生物学技术，都是从最基础的实验一步一步发展起来的。因此，只有掌握好基本的分子生物学实验技能，才能够在此基础上，通过努力，不断提高，从而开展更加精细的分子生物学研究。根据教育部教学大纲的要求，并在总结了我们多年的分子生物学教学和科研经验的基础上，撰写了这本教材，其中包括 10 个最常用的基础分子生物学实验、一个综合实验（基础篇）和 10 个高级实验（拓展篇）。通过对这些实验的操作和掌握，读者将能够循序渐进地掌握基本的分子生物学实验技能，从而具备独立开展相关分子生物学课题研究的能力。

　　本书适用于大学阶段生物学各专业分子生物学实验技术的学习，也可作为生物学专业研究生或相关领域研发人员的参考书。鉴于我们知识和能力所限，书中可能会出现不足之处，敬请各位读者批评指正，我们将竭力在将来的再版中加以完善。

黄立华
华南师范大学生命科学学院
2017 年 3 月

目 录

第一部分 基 础 篇

实验 1　移液器的使用 ·· 3
实验 2　聚合酶链反应 ·· 8
实验 3　PCR 产物的回收与纯化 ······································ 12
实验 4　基因组 DNA 的提取 ·· 15
实验 5　琼脂糖凝胶电泳 ··· 19
实验 6　质粒 DNA 的提取 ··· 24
实验 7　DNA 酶切与连接反应 ·· 31
实验 8　大肠杆菌感受态细胞的制备与转化 ······················· 36
实验 9　SDS-PAGE ··· 41
实验 10　表达蛋白的分离与纯化 ····································· 47
实验 11　综合实验——基因克隆 ···································· 52
案例分析 ··· 58

第二部分 拓 展 篇

实验 1　总 RNA 提取 ··· 63
实验 2　实时定量 PCR ··· 68
实验 3　基因定点突变——overlap PCR ··························· 77
实验 4　热不对称交错 PCR ··· 80
实验 5　蛋白质原核表达 ·· 85
实验 6　蛋白质印迹 ·· 89
实验 7　凝胶迁移实验 ··· 94
实验 8　多克隆抗体制备 ·· 99
实验 9　植物转基因操作 ·· 102
实验 10　昆虫转基因操作 ·· 106

附　录

附录 1　常用培养基和抗生素 ·· 111

附录 2　常用试剂的配制 ··· 113
附录 3　引物设计 ··· 115
附录 4　推荐阅读书目 ··· 117

第一部分

基 础 篇

实验 1　移液器的使用

（王亚琴）

一、实验目的

①学会如何正确使用不同量程的移液器。
②掌握不同量程移液器的精度范围。

二、实验原理

1. 原理

移液器的工作原理是活塞通过弹簧的伸缩运动来实现吸液和放液。在活塞推动下，排出部分空气，利用大气压吸入液体，再由活塞推动空气排出液体。使用移液器时，配合弹簧的伸缩性特点来操作，可以很好地控制移液的速度和力度。

2. 移液器介绍

移液器各部分的名称如图 1-1 所示。移液器通常有 4 种不同的量程，在移液器量程范围内能连续调节读数。不同量程的移液器，其精度范围也不同。量程越小，精度越高。因此，当 2 种移液器都能完成移液操作时，优先选用量程小的移液器会得到更加精确的结果。不同量程移液器的精度范围如表 1-1 所示。

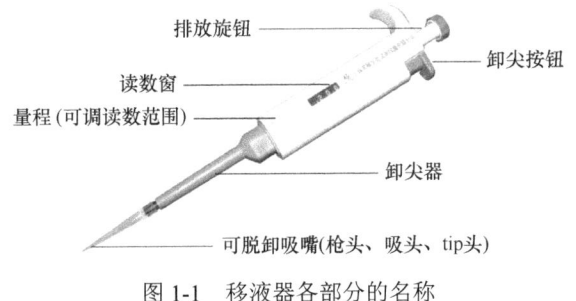

图 1-1　移液器各部分的名称

表 1-1　不同量程移液器的精度范围

不同量程的移液器	精度范围
0.5~10μl	0.1μl
5~50μl	0.5μl
20~200μl	1μl
100~1000μl	5μl

三、实验内容

1. 练习单支移液器的操作

吸取 800μl、150μl、5μl 液体。

2. 练习两支移液器组合操作

吸取 1100μl、225μl 液体。

3. 练习吸取微量液体操作

吸取 2.5μl、1.5μl、0.5μl 液体。

四、实验材料、试剂及所用仪器

1. 材料与试剂

纯净水。

2. 实验仪器

不同量程的移液器。

五、操作步骤

一个完整的移液循环，包括容量设定、吸头安装、预洗吸头、吸液、放液、卸掉吸头 6 个步骤。每一个步骤都有需要遵循的操作规范。

1. 吸头安装

正确的安装方法称为旋转安装法。具体的做法是将白套筒顶端插入吸头（无论是散装吸头还是盒装吸头都一样），在轻轻用力下压的同时把手中的移液器按逆时针方向旋转 90°。切记用力不能过猛，更不能采取剁吸头的方法进行安装，否则会对手中的移液器造成不必要的损伤。

2. 容量设定

正确的容量设定分为 2 个步骤。一是粗调，即通过排放按钮将容量值迅速调整至接近自己的预想值；二是细调，当容量值接近自己的预想值以后，应将移液器横置水平放至自己的眼前，通过调节轮慢慢地将容量值调至预想值，从而避免视觉误差所造成的影响。

在容量设定时，还有一个需要特别注意的地方。当我们从大值调整到小值时，刚好就行；但从小值调整到大值时，就需要调超三分之一圈后再返回。这是因为计数器里面有一定的空隙，需要弥补。

3. 预洗吸头

在安装了新的吸头或增大了容量值以后，首先应该把需要转移的液体吸取、排放 2~3 次。这样做是为了让吸头内壁形成一道同质液膜，确保移液工作的精度和准度，使整个移液过程具有极高的重现性。其次在吸取有机溶剂或高挥发液体时，挥发性气体会在白套筒室内形成负压，从而产生漏液的情况，这时就需要我们预洗 4~6 次，让白套筒室内的气体达到饱和，负压就会自动消失。

4. 吸液

先将移液器按钮轻轻压至第一停点；垂直握持移液器，使 tip 头浸入液面下几毫米，千万不要将 tip 头直接插到液体底部；然后缓慢、平稳地松开控制按钮，吸上液体，稍等片刻后将 tip 头提离液面。

5. 放液

放液时，吸头紧贴容器壁，先将排放按钮按至第一停点。略作停顿后再按至第二停点，这样做可以确保吸头内无残留液体。如果这样操作还有残留液体存在，应该考虑更换吸头。

6. 卸掉吸头

卸掉的吸头一定不能和新吸头混放，以免产生交叉污染。

六、注意事项

①严禁吸液后将移液器平放。

②吸液时一定要缓慢松开排放旋钮使液体进入吸头，否则，液体会迅速进入 tip 头，导致液体（尤其是一些腐蚀性液体，如氯仿）倒冲入移液器内部，对移液器造成损伤，同时也可能造成溶液的污染。

③对于黏稠液体可首先吸放几次，然后极缓慢地松开按钮，使溶液慢慢进入吸头内；否则，会使吸入体积减小。

④移液器用完后将刻度调至最大量程，让弹簧恢复原形，延长移液器的使用寿命。

⑤注意正确的握持方法，如图 1-2 所示。

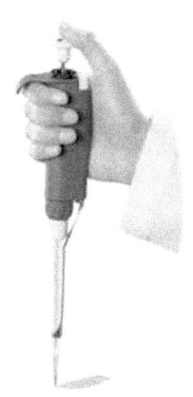

图 1-2　移液器的握持方法

⑥注意正确的 tip 安装法，如图 1-3 所示（http://zxsys.med.stu.edu.cn/upload/file/artdir/2.pdf）。

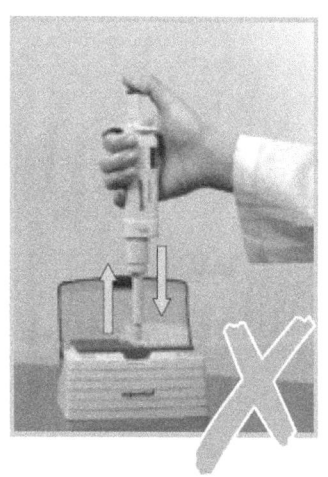 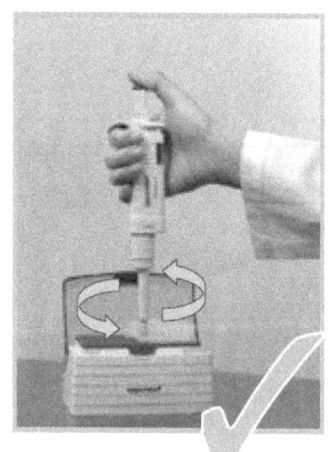

图 1-3　移液器 tip 头的安装方法

七、实验报告

①简述移液器操作的整个流程。

②移液过程中,遇到哪些问题?是如何克服的?

八、思考题

当两种不同量程的移液器都可以完成移液操作时,该选取小量程的还是大量程的移液器?为什么?

九、拓展环节

为满足不同实验的需要,移液器发展出了各种用途:①电动移液器(图1-4A),不需要按压排放按钮,轻轻一触,自动吸液和放液。②多通道移液器(图1-4B),按压一次排放按钮,可完成8个样品的移液操作。③可编程的移液器(图1-4C),它具有可调固定体积移液功能、独立编程功能和历史记忆功能。④连续分液器(图1-4D),它适用于冗长连续分液,只需一次吸液,就可以完成最高100次的分液操作。

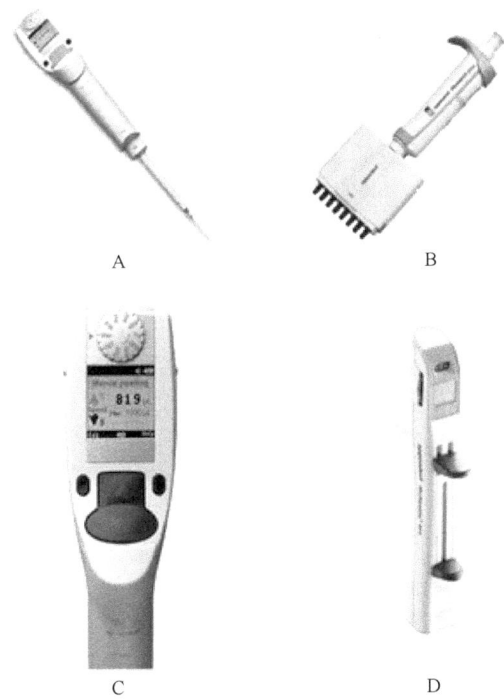

图1-4 各种用途的移液器
A. 电动移液器;B. 多通道移液器;C. 可编程的移液器;D. 连续分液器

实验 2　聚合酶链反应

（王亚琴）

一、实验目的

①掌握聚合酶链反应（PCR）技术的原理和一般方法。
②了解 PCR 的应用。

二、实验原理

PCR 类似于细胞体内的 DNA 复制过程。首先将待扩增的 DNA 模板加热，双链 DNA 变成单链 DNA，这一步称为变性。随后，当反应混合物冷却至某一温度时，引物与它的靶序列配对结合，这一步称为退火。最后，温度升高至 DNA 聚合酶适宜的温度（通常为 72℃）。这时，DNA 聚合酶就会在引物的 3′端按照与模板碱基互补的方式添加相应的碱基，DNA 链得以延长，这一步称为延伸。这种热变性—退火—延伸的过程就是一个 PCR 循环。每经过一个循环，理论上讲，DNA 模板分子数就会增加一倍。因此，经过 n 次循环扩增后，DNA 分子数就会变为原来的 2^n 倍，从而有利于进一步的分子操作。

三、实验内容

以λ噬菌体质粒 DNA 为模板，用提供的上下游引物进行 PCR 扩增。PCR 产物大小为 500bp。

四、实验材料、试剂及所用仪器

1. 材料与试剂

①λ噬菌体质粒 DNA（反应模板）。
②10×PCR 缓冲液。
③dNTP（每种 dNTP 单一组分的浓度为 2.5mmol/L）。
④r*Taq* DNA 聚合酶 5U/μl。

⑤上游引物（5′-GATGAGTTCGTGTCCGTACAACT-3′）和下游引物（5′-GGTTATCGAAATCAGCCACAGCGCC-3′）（引物浓度均为10μmol/L）。

⑥0.2ml PCR管。

⑦去离子水。

2. 实验仪器

①DNA扩增仪。

②台式高速离心机。

③移液器。

五、操作步骤

1. PCR体系的建立

取0.2ml的薄壁离心管，按表2-1顺序加入试剂，稍混匀后短暂离心从而将溶液甩至管底。

表2-1 PCR体系

试剂标记	成分	体积/μl
H	去离子水	17.2
D	dNTP（每种dNTP单一组分的浓度为2.5mmol/L）	2.0
P1	上游引物（10μmol/L）	1.0
P2	下游引物（10μmol/L）	1.0
M	模板DNA	1.0
B	10×PCR缓冲液	2.5
T	r*Taq* DNA聚合酶	0.3
	总体积	25.0

2. PCR的变温程序（热循环反应）

按表2-2设置PCR的变温程序，把离心管放进PCR仪进行扩增，反应结束后低温保存或检测。

表2-2 PCR的变温程序

反应阶段	循环数	温度	持续时间
1	1	94℃（预变性）	3min
2	35	94℃（变性）	30s
		52℃（退火）	30s
		72℃（延伸）	30s
3	1	72℃（补充延伸）	10min
4	1	12℃	短时间保存；若需长期保存，可取出后放置于-20℃

六、注意事项

PCR 的加样顺序一般遵循以下几个原则。
①通常先加水。
②再加体积大的样品。
③最后加酶。

七、实验报告

①简述整个实验流程。
②结合实验 3，以图的形式列出实验结果。
③分析实验成败的可能原因，并给出未来的改进意见。
④讨论影响实验成败的关键步骤有哪些。
⑤查阅文献，阐述 PCR 技术的应用。

八、思考题

①PCR 扩增时，如果发现没有扩增出任何条带，该如何改进？如果发现扩增的产物有杂带（非特异性条带）出现，又该如何改进？
②DNA 聚合酶在 DNA 延伸的过程中通常会越过下游引物的位置继续延伸，直到超出其延伸能力。这意味着，PCR 扩增时很容易将目的基因片段的旁侧区域也扩增出一部分。那么，PCR 扩增的特异性是如何保障的？

九、拓展环节

1. 梯度 PCR

退火温度是影响 PCR 扩增的关键因素之一。对于一对新的引物，通常需要优化其退火温度，以找到一个最佳的退火温度。如果要试验 5 个不同的退火温度，通常需要 5 次 PCR。但如果采用梯度 PCR，一次就够了。梯度 PCR 仪可以使其反应台的每一列或每一行保持不同的温度。这样，一次梯度 PCR 可以设置 8 个或 12 个不同的退火温度，大大提高了工作效率。

2. 定量 PCR

普通 PCR 的结果需要根据电泳条带的亮或弱来大致判断 PCR 产物的多或少，只能满足一般的定性实验。如果采用定量 PCR 就可以准确检测 PCR 产物的分子数，达到更精确的实验效果。有关定量 PCR 的知识可以参考本书拓展篇。

3. 不同类型的 PCR 仪

除了前面提到的梯度 PCR 仪和定量 PCR 仪外，还有一些 PCR 仪简直就是"三头六臂"，同时拥有 2 个或 3 个反应台（图 2-1A），它们彼此之间互不干扰，可以独立运行。PCR 仪的控制面板也从传统的按键式变身为超大液晶屏的触摸式（图 2-1B）。最近 Ahram Biosystems 公司推出了一款掌上 PCR 仪（图 2-1C），十分小巧，也非常经济。

A　　　　　　　　　　B　　　　　　　　　C

图 2-1　不同类型的 PCR 仪

实验 3　PCR 产物的回收与纯化

（赖建彬）

一、实验目的

在分子生物学实验中，可以通过琼脂糖凝胶电泳将不同分子量大小的 DNA 片段（如 PCR 扩增获得的片段、酶切之后的载体或片段等）进行分离，然后将 DNA 分子从琼脂糖凝胶中提取和纯化出来，获得含有目的片段的溶液，用于后续的载体构建、分子杂交或序列分析等实验。本实验以 PCR 产物回收为例，学习从凝胶中提取 DNA 的方法。

二、实验原理

由于 PCR 产物可能含有非特异性扩增条带等未知成分，通常需要先进行琼脂糖凝胶电泳，再从凝胶中提取目的 DNA。从凝胶中纯化 DNA 的方法主要有低熔点琼脂糖凝胶法、电洗脱法、玻璃奶法等，目前很多试剂公司开发了 DNA 回收试剂盒，具有较高的回收效率和简便的操作性。不同种类的试剂盒的原理类似，一般将含有 DNA 的凝胶与提取液混合，在一定温度下熔解，使用特殊的吸附膜选择性地结合核酸分子，以去除体系中的蛋白质和小分子等杂质，再通过洗脱液将 DNA 从吸附膜上释放，从而获得高纯度的 DNA 回收产物。不同的试剂盒结合 DNA 片段的长度范围可能有所不同，可根据目的片段长度进行选择。本实验以生工生物工程（上海股份有限公司）（简称生工生物）的 SanPrep 柱式 DNA 胶回收试剂盒为例，其最适提取范围是 100bp～10kb 的 DNA 片段，其他公司的相关产品具有类似的操作过程。

三、实验内容

从琼脂糖凝胶中纯化 PCR 产物。

四、实验材料、试剂及所用仪器

1. 材料与试剂

①PCR 产物（详见 PCR 实验）。

②琼脂糖。
③TBE 电泳缓冲液。
④GoldView（GV）和载样缓冲液等。
⑤SanPrep 柱式 DNA 胶回收试剂盒（生工生物）。
⑥无水乙醇。
⑦异丙醇。

2. 实验仪器

电泳槽、电泳仪、紫外检测仪、刀片、天平、水浴锅、离心机等。

五、操作步骤

①准备工作：预先将水浴锅调至 50℃；检查试剂盒中的 washing solution 是否已加入乙醇；检查 buffer B2 是否出现沉淀。

②DNA 凝胶电泳：如前文所述，将 PCR 产物进行 DNA 凝胶电泳，可根据 PCR 产物片段的长度采用不同浓度的凝胶。电泳结束后，将琼脂糖凝胶置于紫外检测仪下，与分子量 marker 比对，确定是否获得正确的目的片段。

③在紫外灯下，利用干净的刀片切下含有目的 DNA 片段的琼脂糖凝胶（注意自身保护，戴上手套或其他可能的防护器具，不要让皮肤和眼睛等部位直接暴露在紫外灯下。因为紫外线可对 DNA 造成损害，切胶动作应迅速，尽量减少紫外灯下操作时间）。

④取一个 1.5ml 离心管，称重记录；将切下的琼脂糖凝胶放入管中，再次称重记录；两个记录数值相减，可得知琼脂糖凝胶质量。

⑤根据凝胶浓度和质量，按每 100mg 琼脂糖（不足此质量的可用水补至 100mg）加 300～600μl 的比例加入 buffer B2（琼脂糖凝胶浓度≤1%，加 300μl；1%＜浓度≤1.5%，加 400μl；1.5%＜浓度≤2%，加 500μl；浓度＞2%，加 600μl）。

⑥将含有凝胶和 buffer B2 的管子放入 50℃的水浴锅中 5～10min，待凝胶完全熔化后取出。

⑦（选做）如果目的片段长度＜500bp，按 buffer B2 体积的 1/3 加入异丙醇（如果原已加入 300μl 的 buffer B2 进行熔胶，此处加入 100μl 异丙醇），以提高回收效率。

⑧利用移液器将溶液移入吸附柱中，8000r/min 离心 30s，去除下部收集管中液体（如果溶液体积较大，可分多次移入离心，每次体积不超过 750μl）。

⑨加入 500μl washing solution，9000r/min 离心 30s，去除下部收集管中液体。

⑩重复步骤⑨。

⑪将空吸附柱放在空收集管上，9000r/min 离心 1min，去除残留的少量液体。

⑫将吸附柱放入一个新的 1.5ml 离心管中，在吸附膜中央加入 15～40μl elution buffer（可用 TE 或者水代替；吸头不可触碰吸附膜），室温静置 1min，离心 1min，去除吸附柱，保存管中的 DNA 溶液。

⑬取出部分 DNA 溶液（可根据原有 PCR 产物浓度，选取合适的体积），与载样缓冲液混合，进行琼脂糖凝胶电泳，以分析目的片段回收和纯化的效率。

六、实验报告

①简述实验原理和操作过程。
②PCR 产物电泳结果；回收产物电泳结果。
③分析实验结果，讨论实验成败的因素。

七、思考题

①如何根据目的 DNA 片段的分子量选择合适的琼脂糖凝胶浓度？琼脂糖凝胶浓度对后续的纯化操作有何影响？

②如果凝胶在紫外灯条件下操作时间过长，可能会对后续的实验产生什么后果？

③washing solution 在使用之前为何需要确定已加入乙醇？如果没有加入乙醇会对纯化造成怎样的影响？

④影响 PCR 产物回收的因素有哪些？如何提高 PCR 产物回收的效率？

实验 4　基因组 DNA 的提取

（梁　山）

一、实验目的

① 了解真核生物基因组 DNA 提取的一般原理。
② 掌握基因组 DNA 提取的方法和步骤。

二、实验原理

分离真核生物基因组 DNA 的基本流程：首先分离目标细胞或细胞器，并粉碎细胞膜或细胞器包膜使内容物释放；其次是利用 DNA 在乙醇或异丙醇中溶解度低的特性沉淀基因组 DNA；最后是纯化和精炼基因组 DNA。

对细胞或细胞器的分离和破碎是提取基因组 DNA 的第一步。真核细胞内存在不同类型的基因组 DNA，如叶绿体基因组 DNA、线粒体基因组 DNA 和核基因组 DNA。针对不同类型的基因组 DNA，首先需要通过特定的方法对相关的细胞器进行分离，如分离细胞核的常用方法有蔗糖密度梯度离心法、柠檬酸差速离心法等，也可以简单地使用吸出等方法粗提细胞核，利用去垢剂可以破碎细胞或细胞器。去垢剂处理使膜蛋白溶解或变性，脂肪溶解，从而导致细胞膜或细胞器膜的破裂。根据不同的生物材料可以选用不同的方法进行预处理。例如，对细菌细胞只需使用溶菌酶和十二烷基硫酸钠（SDS）联合处理即可很容易地使其 DNA 释放出来，而对于动物或植物样品，则需要使用液氮冰冻研磨或匀浆，甚至是蛋白酶处理，来帮助细胞破碎。

破碎后的组织样品加入 DNA 提取缓冲液，使蛋白质变性析出，而 DNA 仍溶解在水相中。DNA 缓冲液中常常含有去垢剂如十六烷基三甲基溴化铵（CTAB）、SDS，也含有较高浓度的盐离子。去垢剂不但可以通过溶解细胞膜蛋白和脂类破碎细胞，也可使蛋白质变性析出；高浓度盐溶液则有助于 DNA 保持溶解状态（DNA 在 2mol/L NaCl 中具有较高的溶解度）。此外，DNA 提取缓冲液中也含有 Tris-HCl 和 EDTA，前者是 pH 缓冲剂，而后者是金属离子螯合剂，可以螯合 Mg^{2+}、Mn^{2+} 等，使 DNase 活性降低或失活，保护 DNA。

从细胞或细胞器中释放出来的粗 DNA 含有较多的杂质，需要使用不同的方法进一步去除或降低其含量。蛋白质往往是最常见且最大量的杂质，通常采用苯酚：氯仿：异戊醇来去除。纯化后的基因组 DNA 则可以利用其在乙醇溶液中溶解度低的特性沉淀析出，回收后再溶解于适当的缓冲液中，根据需要置于低温（–20℃或–70℃）保存。

三、实验内容

采用 CTAB 法从花椰菜中提取基因组 DNA。

四、实验材料、试剂及所用仪器

1. 材料与试剂

①花椰菜。
②2% CTAB 抽提缓冲液：100mmol/L Tris-HCl，pH 7.0；1.4mol/L NaCl；20mmol/L EDTA；2% CTAB。
③氯仿：异戊醇（24：1）。
④无水乙醇。
⑤TE 缓冲液。
⑥NaAc（3mol/L，pH 5.2）。

2. 实验仪器

①低温离心机。
②恒温水浴器。
③台式离心机。
④移液器。
⑤玻璃匀浆器（5ml 或 10ml）。

五、操作步骤

1. 破碎组织和细胞

取适量植物组织，加入 2ml 2% CTAB 抽提缓冲液，充分匀浆 2~3min，然后转移 700μl 的匀浆液至一支 2ml 离心管中，65℃水浴 45min（裂解细胞，释放核酸和蛋白质）。

2. 去除蛋白质污染

①加入 700μl 的氯仿：异戊醇（24：1），上下摇动 2~3min。

②12 000r/min 离心 10min，小心吸取上清液，转移至一支 2.0ml 离心管中（400～500µl）。

3. 沉淀 DNA

①加入 1/10 体积的 NaAc（3mol/L，pH 5.2）（40～50µl），上下颠倒混匀；然后再加入 2 倍体积的无水乙醇（800～1000µl），上下颠倒混匀。

②12 000r/min 离心 10min，去掉上清液，保留沉淀。

③选做步骤：加入 1ml 的 70%乙醇，轻轻漂洗沉淀；12 000r/min 离心 10～15min，去掉上清液，保留沉淀。

4. 溶解 DNA

①打开离心管盖，在室温下晾干或风干，直至管壁上无水珠而 DNA 表面有些湿润为最佳。

②加入 50～100µl TE 缓冲液（含 50µg/ml RNase），轻弹管底，分散沉淀，37℃保温 30min，以溶解 DNA 和降解 RNA（如溶解度不佳，可 65℃水浴 10min 助溶）。

5. 保存 DNA

提取的 DNA，除一部分用于检测外，剩余的置于–20℃或–80℃长期保存。

六、注意事项

①使用新鲜材料，以获得未降解的完整基因组 DNA。

②基因组 DNA 分子比较大，容易被机械切断，因此应避免过度剧烈的操作，要使用轻柔的方法保护 DNA 的完整性。

③使用适量的初始材料，以获得较高的得率和纯度。过多的用量往往容易导致 DNA 的降解量和纯度降低。

④使用 70%乙醇漂洗 DNA 沉淀有助于清除残留的离子。但是，DNA 沉淀离心后，往往出现沉淀不沉底、贴壁的现象，很容易在倒掉上清的步骤中丢失 DNA。为了防止 DNA 的丢失，可以适当延长离心时间使之贴壁，或者用移液器小心吸取上清，同时避免吸取 DNA 沉淀。

七、实验报告

观察、记录并分析花椰菜基因组 DNA 的提取结果。

八、思考题

①如何去除基因组 DNA 提取物中的 RNA 杂质？

②如何从基因组 DNA 粗提物的电泳检测图上区分核基因组和叶绿体或线粒体的 DNA？

③如何判断基因组 DNA 的完整性？

④为什么 DNA 抽提缓冲液中含有 Na^+ 等阳离子，其浓度过高或过低对抽提结果有何影响？

九、拓展环节

提取基因组 DNA 的方法很多，通常需要根据材料的不同，选择不同的方法，以达到最佳的提取效果。下面列出另外一种常用的基因组 DNA 提取方法（SDS 法）供参考。

①取 4g 新鲜植物材料，在液氮中研磨成粉末状（越细越好）。

②转移至 50ml 离心管中，加入 16ml SDS 提取缓冲液（100mmol/L Tris-HCl（pH 8.0）、50mmol/L EDTA、500mmol/L NaCl、1mol/L β-巯基乙醇、1.52% SDS），充分混匀。65℃水浴保温 20min。

③从水浴中取出离心管，加入 5ml 5mol/L KCl 溶液，混匀，冰浴 20min。

④4000r/min 离心 20min。

⑤将上清液转移到另一 50ml 离心管中。

⑥加等体积酚：氯仿：异戊醇混匀，12 000r/min 离心 5min，取上清液。

⑦加等体积氯仿：异戊醇（24：1），混匀，12 000r/min 离心 5min，取上清液。

⑧加入 0.6~1.0 倍体积的异丙醇（沉淀 DNA），混匀。

⑨12 000r/min 离心或用干净玻棒条挑出絮状沉淀。沉淀用 70%乙醇洗 3 次，风干。

⑩加入 500μl TE 缓冲液，溶解 DNA，并低温保存。

实验 5　琼脂糖凝胶电泳

（王亚琴）

一、实验目的

①掌握琼脂糖凝胶电泳分离 DNA 的原理。
②掌握琼脂糖凝胶电泳的基本操作。

二、实验原理

琼脂糖凝胶电泳是用琼脂糖作支持介质的一种电泳方法。其分析原理与其他支持物电泳的最主要区别是它兼有分子筛和电泳的双重作用。

琼脂糖凝胶具有网络结构，物质分子通过时会受到阻力，大分子物质在涌动时受到的阻力大，因此在凝胶电泳中，带电颗粒的分离不仅取决于净电荷的性质和数量，还取决于分子大小，这就大大提高了琼脂糖凝胶的分辨能力。

DNA 分子在琼脂糖凝胶中泳动时有电荷效应和分子筛效应。DNA 分子在高于等电点的 pH 溶液中带负电荷，在电场中向正极移动。由于糖-磷酸骨架在结构上的重复性质，相同数量的双链 DNA 几乎具有等量的净电荷，因此它们能以同样的速率向正极方向移动。

三、实验内容

用琼脂糖凝胶电泳检测 PCR 扩增和基因组 DNA 提取的效果。

四、实验材料、试剂及所用仪器

1. 材料与试剂

①琼脂糖。
②TBE 电泳缓冲液。
③电泳载样缓冲液。
④荧光染料（GoldView，GV）。

⑤核酸电泳指示剂。溴酚蓝：在碱性液体中呈紫蓝色。二甲苯青：在碱性液体中呈蓝色。

2. 实验仪器

①琼脂糖。
②水平式电泳装置。
③电泳仪。
④台式高速离心机。
⑤恒温水浴锅。
⑥微量移液器。
⑦微波炉或电炉。
⑧凝胶成像仪。

五、操作步骤

1. 试剂配制

0.5×TBE 电泳缓冲液的准备

TBE 电泳缓冲液通常是 5× 的储存液（450mmol/L Tris-硼酸、10mmol/L EDTA、pH 8.0），电泳前将上述储存液稀释 10 倍至 0.5×TBE 缓冲液，可同时作为电泳及制胶用的缓冲液。

2. 制胶

①根据制胶量及凝胶浓度，在加有一定量的电泳缓冲液的三角锥瓶中，加入准确称量的琼脂糖粉（总液体量不宜超过锥形瓶的 50%容量）。不同浓度琼脂糖凝胶中 DNA 的最佳分辨范围参见表 5-1。可根据待检测 DNA 的分子量大小，并参考表 5-1 来确定所需要配制琼脂糖凝胶的具体浓度。常用琼脂糖凝胶的浓度为 0.7%～

表 5-1　琼脂糖凝胶浓度与线状 DNA 的最佳分辨范围

琼脂糖凝胶浓度/%	线状 DNA 的最佳分辨范围/bp
0.5	1 000～30 000
0.7	800～12 000
1.0	500～10 000
1.2	400～7 000
1.5	200～3 000
2.0	50～2 000
2.0～5.0	20～1 000

2.5%。检测基因组 DNA 通常用 0.7%~1.0%的胶；检测一般 PCR 产物可以用 1.2%~1.5%的胶。

②在锥形瓶的瓶口上盖上保鲜膜或牛皮纸，并在膜或纸上扎些小孔，然后在微波炉中加热熔解琼脂糖。加热时，当溶液沸腾后，请戴上防热手套，小心摇动锥形瓶，使琼脂糖充分均匀熔解。此操作重复数次，直至琼脂糖完全熔解。

③使溶液冷却至 50~60℃，如需要可在此时加入 2μl GoldView 染料（0.05μl/ml），并充分混匀。

④将琼脂糖溶液倒入制胶模中，然后在适当位置处插上梳子。凝胶厚度一般为 3~5mm。制胶模具如图 5-1 所示，小胶倒入 20ml 左右琼脂糖溶液，大胶则 40ml 左右。

⑤在室温下使胶凝固 30~45min。

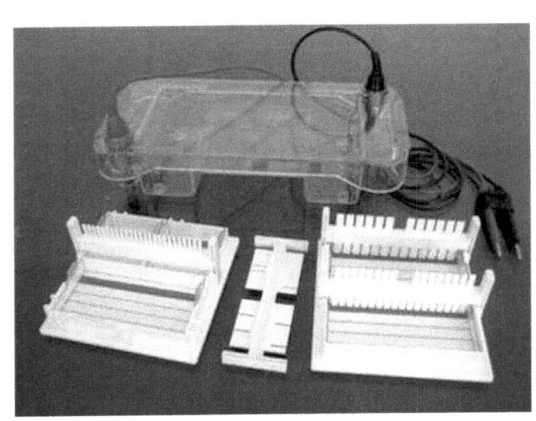

图 5-1　制胶模具

3. 上样

①取适量样品与 6×上样缓冲液混匀（如 1μl 样品与 5μl 6×上样缓冲液），用微量移液器小心加入样品槽孔中。

②上样量根据样品浓度可适当调整，若 DNA 含量偏低，则可依上述比例增加上样量，但总体积不可超过样品槽容量（一般小孔 40μl 为上限，大孔 200μl 为上限，具体和制胶模具规格相关）。

③每加完一个样品要更换枪头，以防止互相污染。注意上样时要小心操作，避免损坏凝胶或将样品槽底部的凝胶刺穿。

4. 电泳

①加完样后，合上电泳槽盖，立即接通电源。调节电压到预定范围（预定电压=$5×L$，L 为正负电极丝之间的距离，单位为 cm）。

②当条带移动到距凝胶前沿约 2cm 时（约 40min），停止电泳。
③使用凝胶成像仪拍照，留存电泳图片，以便进一步分析。

六、注意事项

①5×TBE 缓冲液放置时间过久会沉淀，因此一次性不要配太多。工作用电泳缓冲液为 0.5×TBE 缓冲液，取 5×TBE 缓冲液储存液稀释，现配现用。
②用于电泳的缓冲液和用于制胶的缓冲液必须统一。
③琼脂糖在微波炉中加热时间不宜过长，每次当溶液起泡沸腾时停止加热，否则会引起溶液过热暴沸，造成琼脂糖凝胶浓度不准，也会损坏微波炉。此外，必须保证琼脂糖完全熔解，否则，会造成电泳图像模糊不清。

七、实验报告

①简述整个实验流程。
②以图或表的形式列出每一个阶段性实验的结果。
③分析实验成败的可能原因，并给出未来的改进意见。
④讨论影响实验成败的关键步骤有哪些。

八、思考题

琼脂糖凝胶电泳结束后，发现 DNA 条带模糊、无 DNA 条带、DNA marker 条带扭曲等现象，请解释造成这几种现象的原因。

九、拓展环节

脉冲场凝胶电泳（pulsed field gel electrophoresis，PFGE）

基因组 DNA 的分子量通常都非常大，超出一般琼脂糖凝胶的分辨范围。在普通的凝胶电泳中，大的 DNA 分子（>10kb）移动速度接近，很难分离形成足以区分的条带。因此，不同基因组 DNA 在琼脂糖凝胶上很难有效区分开。这时，可以采用脉冲场凝胶电泳。

脉冲场凝胶电泳是一种分离大分子 DNA 的方法。在脉冲场凝胶电泳中，电场在两个方向（有一定夹角，而不是相反的两个方向）不断变动。DNA 分子带有负电荷，会向正极移动。相对较小的分子在电场转换后可以较快转变移动方向，而较大的分子在凝胶中转向较为困难（图 5-2，http://www.bbioo.com/picture/69-976-1.html）。因此小分子向前移动的速度比大分子快。脉冲场凝胶电泳可以用来分离从 10kb

到 10Mb 的 DNA 分子。

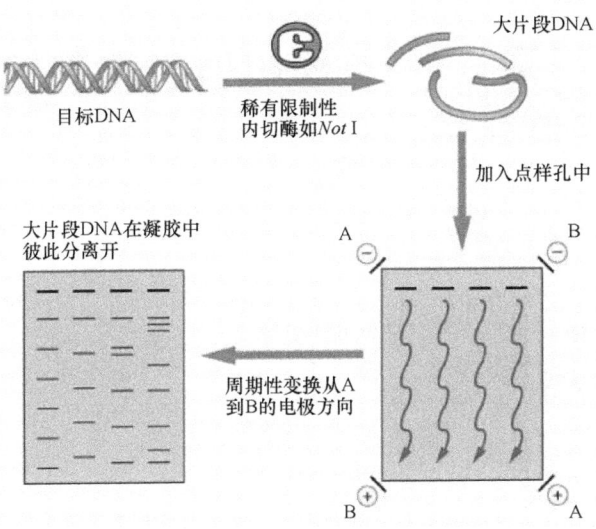

图 5-2　脉冲场凝胶电泳示意图
原图来源于 http://www.bbioo.com

实验 6　质粒 DNA 的提取

（梁　山）

一、实验目的

①理解碱裂解法提取质粒 DNA 的原理。
②掌握该技术并熟练操作。

二、实验原理

质粒是细胞内的一种环状小分子 DNA，独立于细胞染色体之外；它具有自身复制起点，可以独立复制。质粒 DNA 上携带了部分的基因信息，经过基因表达后，可以使其宿主细胞表现出相应的性状（如抗药性）。在 DNA 重组中，质粒或经过改造后的质粒载体与外源基因连接可构成重组 DNA 分子。

从宿主细胞中提取质粒 DNA，是 DNA 重组技术中最基础的实验技能。分离质粒 DNA 有三个基本步骤：①培养宿主细胞使质粒扩增，然后收集和裂解细胞；②从宿主细胞中粗提质粒 DNA；③纯化质粒 DNA。

碱裂解法是提取质粒 DNA 最常用的方法。其优点是质粒得率高，适合大多数的质粒，所得产物经纯化后可满足多数的 DNA 重组操作。碱裂解法利用变性和复性行为的差异来区分质粒 DNA 和染色体 DNA。在 pH 12.6 的强碱性溶液中，DNA 发生变性。由于拓扑结构的差异，质粒 DNA 变性时两条链虽然相互分离，但仍然缠绕在一起；而染色体 DNA 的两条单链完全分开，甚至可能出现断裂。因此，当加入中和液使溶液 pH 恢复近中性时，质粒的两条小分子单链可迅速复性，恢复双链结构，溶解在水相溶剂中；而染色体 DNA 无法复性（或复性速率很慢），这导致染色体 DNA 与细胞碎片、蛋白质杂质等缠绕在一起，可通过离心沉淀下来。

与细胞染色体 DNA 分开的质粒溶液中混合了少量的蛋白质、RNA 等杂质，需要通过纯化步骤获得较纯净的 DNA 分子。利用苯酚：氯仿：异戊醇（25∶24∶1）溶液处理质粒粗提物使大多数的蛋白质杂质变性，可通过离心沉淀去除；而 RNA 杂质可以利用 RNase 进行消化后去除。利用 DNA 在乙醇或异丙醇中溶解度低的特性，可以将 DNA 从溶液中析出回收。

在质粒提取过程中，机械力、酸碱度、试剂等可能会使质粒 DNA 链发生断裂。所以，多数质粒粗提物中含有三种不同构型的质粒分子（图 6-1A）：共价闭合环状 DNA（covalently closed circular DNA，cccDNA，质粒的两条链完整，没有发生断裂，为超螺旋构型）；开环 DNA（ocDNA，环状质粒 DNA 的一条单链断裂，为松弛的双螺旋构型）；线状 DNA（linear DNA，lDNA，质粒的两条链均断裂，形成线状构型分子）。在琼脂糖凝胶电泳中，三种构型的质粒分子有不同的电泳速率（图 6-1B）。

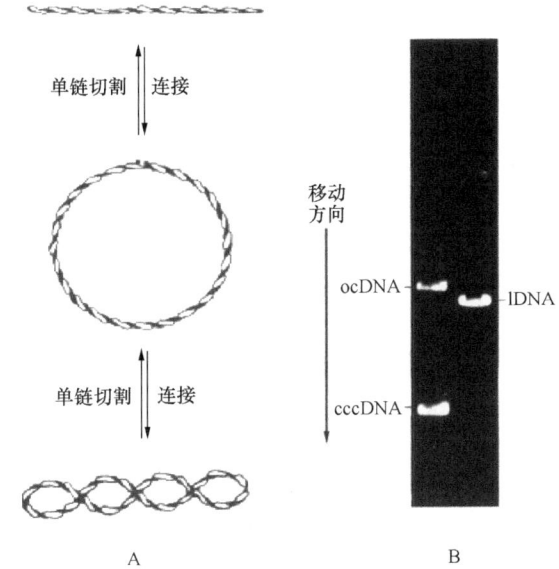

图 6-1　三种不同构型的质粒 DNA 分子及其电泳行为

三、实验内容

① 提取质粒 DNA。
② 应用琼脂糖凝胶电泳技术检测质粒 DNA 的完整性。
③ 测定质粒 DNA 的浓度，并利用 OD_{260}/OD_{280} 分析其纯度。

四、实验材料、试剂及所用仪器

1. 材料与试剂

① 大肠杆菌 *Escherichia coli* DH5α；含 pUC19 质粒载体，如图 6-2 所示。
② LB 细菌培养基。

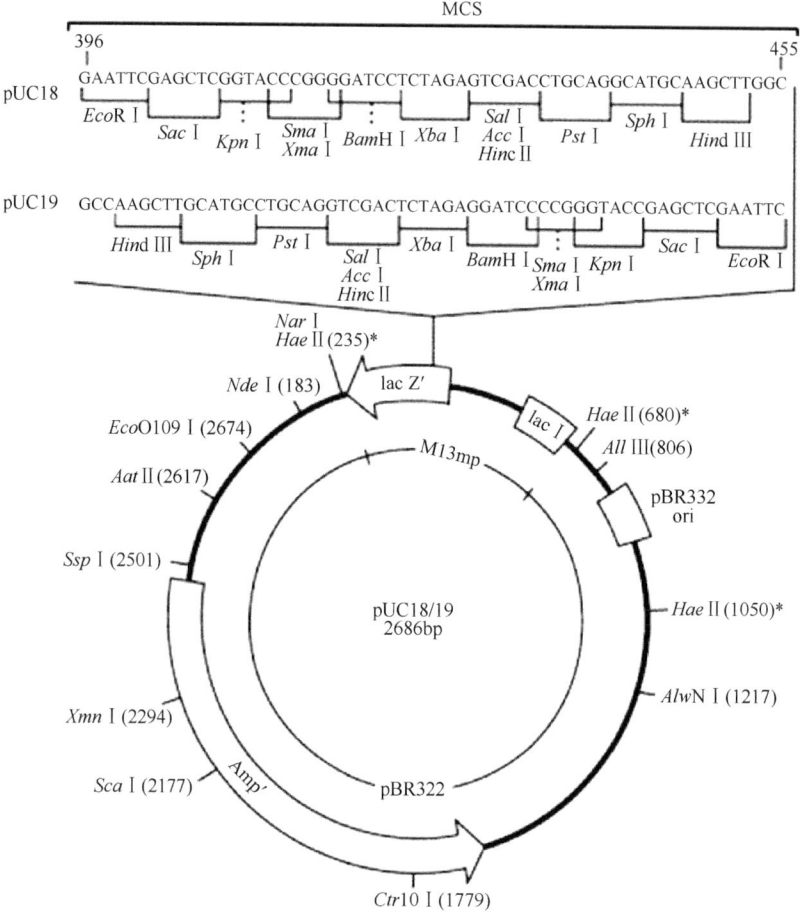

图 6-2 pUC18/19 质粒载体图谱

酶切位点后面的数字表示其在质粒上的相对位置。MCS 为 multiple cloning site，多克隆位点。

*表示酶切位点并不唯一

③TE 缓冲液：10mmol/L Tris-HCl（pH 8.0），1mmol/L EDTA（pH 8.0）。

④碱裂解液。溶液Ⅰ：葡萄糖（50mmol/L）；Tris-HCl（25mmol/L，pH 8.0）；EDTA（10mmol/L）。溶液Ⅱ：NaOH（0.2mol/L）；SDS（1%，新鲜配制）。溶液Ⅲ：60ml 的 5mol/L KAc；11.5ml 的冰醋酸；28.5ml 水。

⑤苯酚：氯仿：异戊醇（25∶24∶1）。

注意：使用 Tris 饱和重蒸酚配制，现用现配。

⑥无水乙醇（分析纯）。

⑦70%乙醇。

⑧RNaseA（20μg/ml）。

⑨NaAc（3.5mol/L）。

⑩去离子水（含 20μg/ml RNA 酶，不含 DNA 酶）。

2. 实验仪器

①Nanodrop（或紫外分光光度计）。
②台式离心机。
③摇床。
④培养箱。
⑤超净工作台。
⑥移液器。
⑦凝胶成像仪。

五、操作步骤

1. 培养细菌使质粒扩增

①将含有 pUC19 的大肠杆菌 DH5α 在固体 LB 平板上画线培养过夜，然后从 LB 平板上挑取一个单菌落，并接种于 2ml LB 培养液中（含 50μg/ml 氨苄青霉素），37℃摇荡培养过夜。

②取 0.5ml 菌液转接到一个含有 50ml LB 培养液三角瓶中（含 50μg/ml 氨苄青霉素），37℃摇荡培养过夜。

③将菌液放置冰上或冰箱中预冷。

2. 收集和裂解细菌

①取 1.5ml 培养液至离心管中，12 000r/min 离心 1min，弃上清液，保留沉淀。
②将细菌沉淀悬浮于 100μl 预冷溶液Ⅰ中，强烈振荡混匀。
③加入 200μl 溶液Ⅱ，盖严管盖轻柔上下颠倒几次以混匀内容物，冰上放置 5min。
④加入 150μl 溶液Ⅲ，温和颠倒数次，冰上放置 5min。
⑤12 000r/min 离心 5min，取上清液转移到一个新的离心管中。

3. 分离和纯化质粒 DNA

①配制酚：氯仿：异戊醇（25：24：1）：首先以 24：1 配制氯仿：异戊醇；然后将 Tris-饱和酚与配好的氯仿：异戊醇按 1：1 等体积混合即可。

②取等体积苯酚：氯仿：异戊醇（25：24：1）加入上述 2.⑤步骤所得的上清液中，反复颠倒混匀溶液。

③12 000r/min，离心 10min。

④小心移取上层清液（200～300μl）至另一个 1.5ml 灭菌离心管中。

4. 回收质粒 DNA

①向上述上清液中加入 1/10 体积的 3.5mol/L NaAc，颠倒数次，混匀。
②加入 2 倍体积预冷无水乙醇，混匀，放至 –20℃冰箱中静置 0.5h。
③12 000r/min，离心 10min。
④弃上清液，加入 1ml 70%乙醇漂洗沉淀。盖严管盖颠倒数次，12 000r/min，4℃离心 10～15min。
⑤用移液器吸走残留的液体，开盖晾干 3～5min，以看不到壁上液滴为准（图 6-3）。

图 6-3　干燥后的质粒 DNA

5. 溶解质粒 DNA，降解 RNA

①加入 50μl TE 或去离子水（含 20μg/ml RNA 酶，不含 DNA 酶）溶解 DNA。
②37℃放置 10min 以降解 RNA。
③取 2～5μl 质粒抽提物，加入适量的 6×载样缓冲液混匀，进行琼脂糖凝胶电泳检测。剩余的质粒 DNA 置于 –20℃下保存备用。
④取 1μl 质粒抽提物，适度稀释后，使用 Nanodrop 测量波长为 260nm、280nm、230nm 时的吸光度，记录数据，计算质粒提取物原液的浓度，评估其纯度。

六、注意事项

①加入溶液Ⅱ后，操作要轻柔，不可用力过猛，否则容易造成基因组 DNA 断裂，增加基因组 DNA 的污染。
②干燥后，DNA 呈无色透明的胶状物质。此时，一定要使 DNA 充分溶解。否则，DNA 的浓度会大大降低。
③吸取 Tris-饱和酚时，枪头一定要插到呈淡黄色的苯酚层（图 6-4），然后再开始吸液。注意不要吸到最上层的保护层。此外，如果苯酚呈红色，表明已经被氧化，不可再使用。

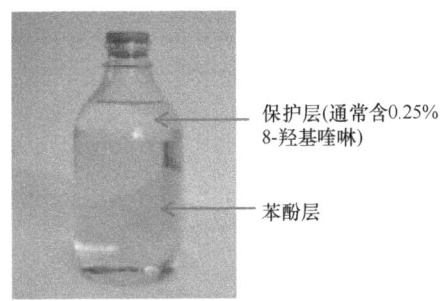

图 6-4　Tris-饱和酚（彩图请扫封底二维码）

七、实验报告

①简述碱裂解法提取质粒 DNA 的原理、方法步骤。
②记录琼脂糖凝胶电泳结果，并进行分析。

八、思考题

①质粒 DNA 提取物进行凝胶电泳后可观察到几条电泳带？各代表什么构型的 DNA 分子？
②碱裂解法中使用的溶液Ⅰ、Ⅱ、Ⅲ的主要成分及其作用是什么？
③沉淀 DNA 时为什么要加入高浓度的盐溶液？

九、拓展环节

超螺旋质粒 DNA 分子一定迁移最快吗？

很多教科书里都写到"超螺旋的质粒 DNA 迁移速率最快"，然而这个说法并不准确。同种分子不同构型的质粒 DNA 迁移速率的相对快慢并不是固定不变的，很多时候取决于凝胶的浓度。如图 6-5 所示，在 0.3%凝胶中，超螺旋质粒 DNA（酶切前）迁移速率最快；在 1.5%凝胶中，超螺旋（酶切前）和线状 DNA（酶切后）的迁移速率几乎一样；在 2.0%的凝胶中，超螺旋质粒 DNA 的迁移速率反而慢于线状 DNA。原因在于，在 0.3%凝胶中，分子筛的孔径相对较小，超螺旋的质粒 DNA 具有更小的体积，其分子直径小于分子筛孔径。因而在迁移过程中遇到分子筛的阻力也较小，所以迁移速率较快。而线状 DNA 分子在迁移过程中，需要不断调整方向，才能勉强以"竖立"的姿势通过分子筛孔，这必然影响了迁移速率。随着凝胶浓度（1.5%）的不断增加，分子筛孔径越来越小。当分子筛孔径小到接近超螺旋 DNA 分子的直径时，超螺旋 DNA 分子在迁移过程中也会遇到较大的阻力，从而使其迁移速率显著减慢。当凝胶浓度进一步增加（2.0%）时，分子筛孔径可能比超螺旋 DNA 分子的直径还要小，此时超螺旋 DNA 分子无论如何调整，都很难通过分子筛。而此时，线状分子只需调整成"竖立"姿势，就比较容易通过较小的分子筛了。因此，在较高浓度（2.0%）的凝胶中，线状质粒 DNA 分子反而比超螺旋质粒 DNA 分子迁移速率更快。

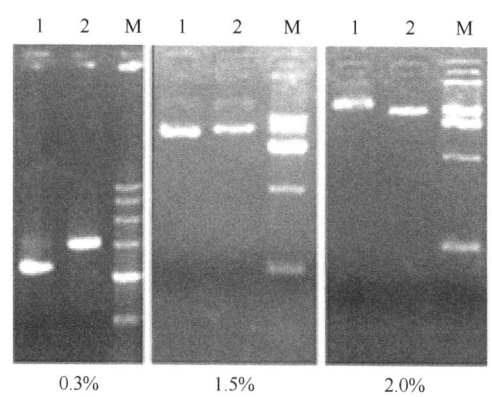

图 6-5　质粒 DNA 在不同浓度琼脂糖凝胶中的电泳行为（程龙等，2008）
1. 酶切前；2. 酶切后；M. DNA marker（DL15 000）

说到底，这是分子筛效应在起作用。同种分子不同构型的质粒 DNA，到底谁的迁移速率更快，取决于分子筛直径与各种分子本身相对直径之比，比值越大，越容易通过分子筛孔径，因而迁移速率就越快。

在核酸提取时，常常需要使用重蒸酚去除蛋白质污染。常用的重蒸酚有两种，分别为 Tris-饱和酚和水饱和酚。苯酚重蒸后，用 Tris-HCl（pH 8.0）缓冲液多次平衡后，使之 pH 为 7.6～7.8，即得到所谓的 Tris-饱和酚。而如果使用水来平衡重蒸酚，使之 pH 为酸性，则为水饱和酚。Tris-饱和酚用于 DNA 抽提，而水饱和酚用于 RNA 抽提。为了防止重蒸酚氧化，往往加入少量的缓冲液。这些缓冲液位于上层，使重蒸酚与空气隔绝（图 6-4）。此外，重蒸酚中也会加入 8-羟基喹啉作为抗氧化剂，对饱和酚有保护作用。饱和酚需要避光保存。

参 考 文 献

程龙, 周岩, 丁丽华, 等. 2008. 琼脂糖凝胶的合适浓度对于回收酶切后质粒载体的重要性. 生物技术通讯, 19(3): 417-418

实验 7 DNA 酶切与连接反应

（梁 山）

一、实验目的

①了解限制性内切酶和 DNA 连接酶的特性。
②学习建立酶切和连接反应体系。

二、实验原理

（一）DNA 酶切

利用限制性内切酶切割 DNA 是 DNA 重组过程中的关键步骤之一。成功的酶切为后续重组分子的构建提供了有效的实验材料。

限制性内切酶是细菌体内限制修饰系统的重要组成部分之一，是一类能够识别 DNA 双链中的特异序列并从 DNA 双链内部切断的内切酶。根据限制性内切酶的特性可分为Ⅰ、Ⅱ、Ⅲ、Ⅳ等 4 种类型。Ⅰ型限制性内切酶是一类兼有限制性内切酶和修饰酶活性的多亚基蛋白复合体。它们可在远离识别位点处任意切割 DNA 链。Ⅱ型限制性内切酶兼具内切酶和修饰酶功能，但两个功能相对独立；该类酶在其识别序列内部或附近特异地切开 DNA 链。Ⅲ型限制性内切酶也是一类较大的兼有限制、修饰两种功能的酶。它们在识别位点之外切开 DNA 链，并且要求同一 DNA 分子中存在两个反向的识别序列以完成切割，这类酶很少能达到完全切割。Ⅳ型限制性内切酶识别甲基化或修饰的 DNA。

Ⅱ型限制性内切酶是 DNA 重组中的重要工具酶，它们在其识别序列内部或附近特异地切开 DNA 链，产生具有黏性末端或平末端的 DNA 片段。最常见的Ⅱ型限制性内切酶在特异性识别序列内部切割 DNA，如 *Hha*Ⅰ、*Hin*dⅢ和 *Not*Ⅰ，商业化酶多属此类。它们一般以同源二聚体的形式结合到 DNA 上，识别对称序列；但也有少量的酶与 DNA 结合形成异二聚体，识别非对称序列（如 *Bbv*CⅠ识别 CCTCAGC）。一些酶识别连续性序列（如 *Eco*RⅠ识别 GAATTC）；而另一些识别非连续性序列（如 *Bgl*Ⅰ识别 GCCNNNNNGGC）。限制性内切酶切割后产生一个 3′-羟基和一个 5′-磷酸基团。只有当镁离子存在时，它们才有切割活性。另一种比较常见的Ⅱ型限制性内切酶是所谓的ⅡS 型酶，如 *Fok*Ⅰ和 *Alw*Ⅰ，它们在识别位点之外切开 DNA。这些酶大小居中，具有 400~650 个氨基酸，由 DNA 结合域和切割 DNA 的功能域组成。它们识别连续的非对称序列，一般认为这些酶主要以单体的形式结合到 DNA 上，与邻近酶分子的切割功能域结合成二聚体，协同切开 DNA 链。因此一些ⅡS 型酶在切割含有多个识别位点的 DNA 分子时活性更高。第三种常见的Ⅱ型限制性内切酶是ⅡG 型限制性内切酶，由限制酶和修饰酶联合组成，分子量较大，通常由 850~1250 个氨基酸组成，在同一蛋白质上表现出限制和修饰两种活性。此类酶在其识别序列外进行切割；那些识别连续性序列的ⅡG 内切酶（如 *Acu* Ⅰ识别 CTGAAG）仅在识别位点的一端切割 DNA 链；而那些识别非连续性序列的ⅡG 内切酶（如 *Bgl* Ⅰ识别 GCCNNNNNGGC）会在识别位点的两端切割 DNA 链，产生一小段含识别序列的片段。这些酶的氨基酸序列各不相同，但其结构组成是一致的，N 端为 DNA 切割和修饰域；C 端为一或两个识别特异 DNA 序列的结构域，该域也能以独立的亚基形式存在。这些酶与底物结合时，它们或行使限制性内切酶的功能切开底物，或作为修饰酶将其甲基化。

限制性内切酶的活性以酶的活性单位表示，1 个酶单位（1 unit）指的是在指定缓冲液中，37℃下反应 60min，完全酶切 1μg 的纯 DNA 所用的酶量。

（二）DNA 连接

DNA 连接酶可催化双链 DNA 分子中相邻碱基的 5′-P 和 3′-OH，形成 3′,5′-磷酸二酯键。在含有 Mg^{2+}、ATP 的反应系统中，一个 DNA 片段的 5′-P 与另一分子 3′-OH 在 DNA 连接酶的作用下可以被连接，形成重组分子。常用的 DNA 连接酶是 T4 DNA 连接酶，其作用底物是双链的 DNA 分子或 RNA：DNA 杂交分子，其末端可以是黏性末端，也可是平末端。一般而言，黏性末端之间的连接效率要高于平末端连接。

三、实验内容

①使用 *Eco*R Ⅰ对 pUC19 质粒 DNA 进行单酶切。
②使用 T4 DNA 连接酶连接 λDNA 的 *Eco*T14 Ⅰ酶切片段（λDNA/*Eco*T14 Ⅰ）。

四、实验材料、试剂及所用仪器

1. 材料与试剂

①质粒 pUC19（50ng/μl，用作酶切反应底物）。
②*Eco*R Ⅰ酶及其缓冲液。
③λDNA/*Eco*T14 Ⅰ片段（50ng/μl，用作连接反应底物）。

④T4 DNA 连接酶及其缓冲液。
⑤去离子水。

2. 实验仪器

①恒温水浴锅。
②移液器。
③离心机。

五、操作步骤

1. 酶切

①按下表在 0.2ml 的离心管中按顺序加入试剂。混匀后，短暂离心将溶液集中到管底。

成分	用量/μl
pUC19 质粒	10.0
酶切缓冲液	1.5
EcoR I	1.0
去离子水	2.5
总体积	15.0

②将上述样品置于 37℃水浴锅内，保温 2h 使质粒被彻底酶切。
③转移至 65℃，保温 20min，使酶灭活。
④通过琼脂糖凝胶电泳检测酶切情况。

2. 连接

①按下表在 0.2ml 的离心管中加入以下试剂。

成分	用量/μl
连接缓冲液	2.0
λDNA/EcoT14 I	10.0
T4 DNA 连接酶	2.0
去离子水	6.0
总体积	20.0

②混匀后点动离心，将溶液甩至管底。
③置于已调好温度为 16℃的保温仪（如 PCR 仪）或水浴锅中，保温 2h。

④转移至65℃，保温20min，使酶被灭活。
⑤通过琼脂糖凝胶电泳检测连接情况。

六、注意事项

①酶切反应体系因不同的底物、酶的种类及酶切目的而异。如对复杂基因组DNA的酶切，往往需要长时间（如过夜）的反应。

②37℃保温一段时间后可取少量样品电泳检测。若已达到酶切目的可结束反应。

③加热使酶失活应视限制性内切酶的特性而异；也可使用EDTA螯合Mg^{2+}使酶失活。

④在连接反应中，有时也会使用4℃连接，这时，连接时间可长达数天。

⑤在酶切反应中，DNA的纯度、缓冲液中离子强度、Mg^{2+}等因素均可影响反应，一般可通过增加酶的用量、延长反应时间等达到完全酶切。但是，过多的酶量和过长的反应时间会造成非特异性的酶切，即所谓的星号活性（在非理想的条件下，限制性内切酶可切割与识别位点相似但不完全相同的序列）。

七、实验报告

①观察并记录DNA酶切后的电泳图谱并分析结果。
②观察并记录DNA连接后的电泳图谱并分析结果。

八、思考题

①在用限制性内切酶对DNA进行酶切时如何根据实验目的确定各成分的用量？

②质粒DNA进行完全酶切，其电泳图谱预期出现何种带型？未完全酶切的电泳图谱又会出现何种带型？

③如何确定连接反应中各成分的用量？

④不同连接时间的DNA的电泳图谱有何差异？这些差异说明什么？

⑤T4 DNA连接酶的最适反应温度为37℃。但是，实验时往往采用12～16℃，甚至是4℃进行连接反应，为什么？

九、拓展环节

1. 单酶切与双酶切的比较

本实验中，我们主要操作了酶切实验。酶切是否成功主要看酶切前后的条带迁移速率是否发生改变。然而在分子克隆（DNA 重组）过程中更多的是采用双酶切技术。相比单酶切，双酶切最大的优点有两个：①可以控制片段插入的方向；②可以避免自身连接，增加重组率。如图 7-1A 所示，单酶切后产生的两个片段，由于具有相同的黏性末端，容易形成碱基互补，故来源于同一个分子的两个片段很容易发生自身重新连接。这样就不容易与其他 DNA 分子发生重组，使得重组率降低。如果采用双酶切（图 7-1B），由于一个分子同时被两种不同的酶产生切割，两端的黏性末端不同，彼此不容易发生再次连接，故可大幅增加其与其他DNA 分子的连接机会，所以重组率明显提高。同样的道理，双酶切后，片段的两个黏性末端不同，故只能以一个方向插入相应的质粒载体，从而实现定向插入（或连接）。

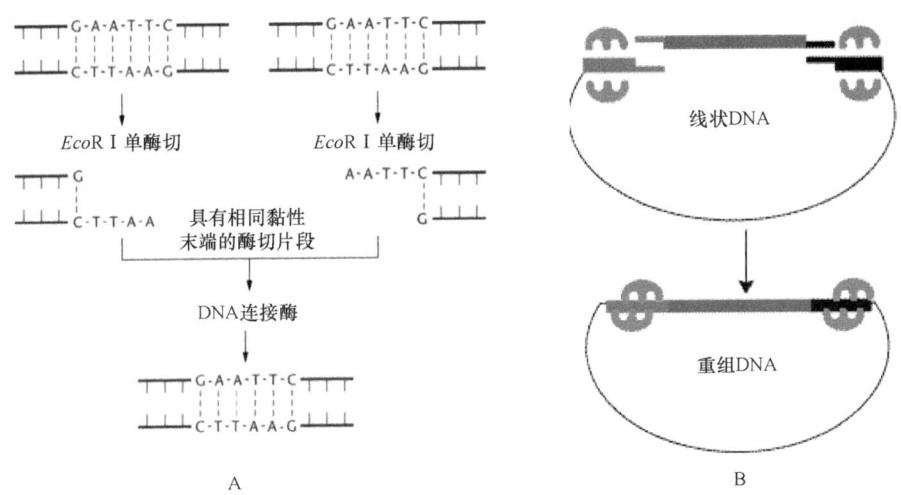

图 7-1　单酶切与双酶切比较（彩图请扫封底二维码）
A. 单酶切；B. 双酶切

2. DNA 重组中常用的工具载体

常用的工具载体往往含有所谓的多克隆位点（multiple cloning site，MCS），其实就是由一系列限制性内切酶识别/切割位点构成的 DNA 序列，如实验 6 图 6-2 中的 pUC18/19 质粒。在构建重组 DNA 载体时，应根据 MCS 的信息选择合适的限制性内切酶，对质粒进行酶切，以便于获得目的基因定向连接且编码信息正确的重组质粒载体。

实验 8 大肠杆菌感受态细胞的制备与转化

（赖建彬）

一、实验目的

①掌握氯化钙法制备大肠杆菌感受态细胞的原理。
②掌握质粒转化的方法技术。
③学会质粒转化操作及对转化效率进行评估。

二、实验原理

转化是将外源 DNA 分子导入受体细胞，使之获得新的遗传性状的手段。为了将质粒转移进受体细菌，首先需诱导受体细菌产生一种短暂的感受态以利于外源 DNA 的摄取。细胞经过某些特殊方法（如电击法、$CaCl_2$ 法等）处理后，细胞膜的通透性发生暂时性的变化，成为可允许外源 DNA 分子进入的细胞，即感受态细胞。

0.1mol/L $CaCl_2$ 是一种低渗溶液，在 0℃冷冻处理大肠杆菌细胞时，细胞膨胀成球形，DNA 可吸附在其表面。在短暂的热激作用下，细胞可吸收外源 DNA，摄入了外源 DNA 的细胞在培养基内增殖。带有选择标记基因的外源质粒在受体细胞内表达时，受体细胞表现出标记基因的表型，而使转化子与非转化子在选择培养基上区分开来。

三、实验内容

①制备大肠杆菌 DH5α 感受态细胞。
②用 pUC19 质粒 DNA 转化感受态细胞，并计算转化效率。

四、实验材料、试剂及所用仪器

1. 材料与试剂

①大肠杆菌（*Escherichia coli*）DH5α 菌株。R^-、M^-、Amp^-：转化所用的受

体细菌一般是限制修饰系统缺陷的变异菌株，即不含限制性内切酶和甲基化酶的突变体（R$^-$、M$^-$），可以容忍外源 DNA 分子进入体内并稳定遗传；氨苄青霉素抗性缺陷（Amp$^-$）可用含有氨苄青霉素的培养基进行转化子筛选。

②pUC19 质粒（浓度：10ng/μl）。

③LB 固体和液体培养基配方如下表。

LB 培养基配方	每升培养基中各组分加入量/g
胰蛋白胨	10
酵母提取物	5
氯化钠	10
琼脂	15

注：LB 培养液不加琼脂

按配方称量药品，加入一定量的去离子水后置电炉上加热熔解琼脂，待琼脂完全熔解后加入去离子水定容至 1000ml，用 NaOH 调节 pH 至 7.0。121℃湿热高压灭菌 20~30min，待冷却至 60℃左右，在无菌工作台中加入氨苄青霉素（Amp）储存液，使终浓度为 100μg/ml，摇匀后倒入无菌培养皿中，冷却成为固体培养基。

④Amp 母液：称取氨苄青霉素 100mg 溶于 1ml ddH$_2$O 中，利用 0.22μm 滤器过滤除菌，用 1.5ml 离心管分装后储存于-20℃冰箱。

⑤0.1mol/L CaCl$_2$ 溶液：称取 0.56g CaCl$_2$（无水分析纯），溶于 50ml ddH$_2$O 中，最后定容至 100ml，用 0.22μm 滤器过滤除菌或者高压灭菌。1.5ml 离心管分装于 4℃冰箱储存。

2. 实验仪器

①恒温摇床。
②无菌工作台。
③电热恒温培养箱。
④微量移液器。
⑤台式高速离心机。
⑥恒温水浴锅。
⑦低温冰箱。
⑧分光光度计。

五、操作步骤

1. 受体菌的培养

①从-70℃或-20℃低温冰箱取出菌种后，在 LB 固体平板培养基上涂布，于

37℃培养箱中培养 24h（活化）。

②从 LB 平板上挑取单菌落，接种于 3~5ml LB 液体培养基中，37℃下振荡培养 12h 左右，直至对数生长后期。

③将该菌悬液以（1∶100）~（1∶50）接种于 LB 液体培养基中，37℃振荡培养 2~3h 至 OD_{600} 为 0.5 左右（对数生长期）。

注意：此为关键步骤。培养过度的菌液含较多状态不佳的细胞，制备成感受态细胞后其接受外源 DNA 能力较弱，从而导致转化效率降低。

2. 感受态细胞的制备（$CaCl_2$ 法）

①将 1.5ml 上述菌液移入离心管中，冰上放置 10min，然后于 4℃条件下 5000r/min 离心 5min。

②弃去上清液（轻轻倾倒掉上清液，可用移液器移除残余液体）。

③加入 1ml 预冷的 0.1mol/L $CaCl_2$ 溶液，利用移液器轻轻吸打使细胞完全悬浮，冰上放置 15min，4℃下 5000r/min 离心 5min。

④弃去上清液，加入 0.2ml 预冷的 0.1mol/L $CaCl_2$ 溶液，轻轻吸打沉淀的细胞使之悬浮，即制成感受态细胞。冰上放置备用。

注意：暂时不用的感受态细胞可加入甘油（终浓度 15%~30%），混匀之后分装至 1.5ml 离心管中，置于 -80℃ 保存。

3. pUC19 质粒的转化

①取一支 1.5ml 离心管，加入 100μl 上述刚制备的感受态细胞（吸液前，请先轻柔混匀感受态细胞），加入 3μl pUC19 质粒（10ng/μl，质粒量不超过 50ng，体积不超过 10μl），轻轻混匀后，冰上放置 10min。

②将上述离心管放入 42℃水浴中热激 90s（注意：精确计算时间，热激时间过长将对细胞造成伤害），热激后立即置于冰上冷却 5min（禁止摇动）。

③向每管中加入 400μl LB 液体培养基（注意：不含 Amp），混匀后 37℃慢摇（70~80r/min）培养 40min，使细菌恢复正常生长状态，并表达质粒编码的抗生素抗性基因（*AmpR*）。

4. 涂布平板筛选转化质粒

①在无菌工作台中，将培养液摇匀后取 10μl，加入 90μl 不含 Amp 的 LB 培养基，混匀之后涂布于含有 Amp 的筛选平板上。

注意：可根据预实验的转化效率适当改变涂布的菌液量；涂布棒灼烧后，待完全冷却才能用于涂布；为了便于计算转化效率，需获得分散独立的菌落用于计数，所以应尽量均匀涂布。

②涂布完成的平板正面向上放置 15min，待菌液完全被培养基吸收后，倒置培养皿，37℃培养箱中放置过夜。

③次日（涂布后 12～16h）观察记录转化情况并统计转化效率。转化后在含抗生素的平板上长出的菌落即为转化子，根据培养皿中的菌落数可计算转化子总数和转化效率，公式如下：转化子总数=该皿的菌落数×稀释倍数。

注意：稀释倍数=涂布前总体积/涂板用菌液体积；转化效率=转化子总数/质粒 DNA 加入量（μg）。

六、注意事项

①$CaCl_2$ 处理后的细胞比较脆弱，尽量轻柔操作。

②制备好的感受态细胞最好分装成小份（50μl/份或 100μl/份），并放置于-80℃超低温冰箱中保存。

③感受态细胞的转化效率非常重要。理想情况下，感受态细胞的转化效率为 $5×10^6$～$2×10^7$ 个转化子/μg DNA。如果转化效率不高，则最好不要用于后续实验。

七、实验报告

①简述实验的原理和流程。

②附上培养皿上菌落照片，并计算转化子总数和转化效率。

③分析转化效率高低的原因及讨论实验中的关键步骤对结果的影响。

八、思考题

①制备感受态细胞时，培养菌液的密度对后续实验的转化效率有什么影响？

②如果平板上发现大量连续重叠的菌落，有什么改进措施？

③如果培养皿上没有任何菌落，该结果可能由哪些原因造成？

④转化后平板培养时间过长，可能出现什么现象？可能导致什么结果？

九、拓展环节

电转化法

电转化法是利用瞬间高压在细胞上打孔，从而造成一种"感受态"，使外源 DNA 分子容易进入宿主细胞中。转化效率可以高达 10^9～10^{10} 个转化子/μg DNA。而普通 $CaCl_2$ 法的转化效率为 10^6～10^7 个转化子/μg DNA。

在一般转化实验中，$CaCl_2$ 转化法的应用最为普遍。它不需要借助专门的仪器，操作也比较简便。电转化法需要专门的电转化仪（图 8-1），所以应用受到一定的限制。但电转化法也有其明显的优点：①转化效率高。转化效率通常比普通 $CaCl_2$ 法高出 1～2 个数量级。②所需 DNA 量极少。③不需要专门制备感受态细胞。因此，对于一些难以转化的、样品数量稀少的 DNA，电转化法更容易获得理想的实验结果。

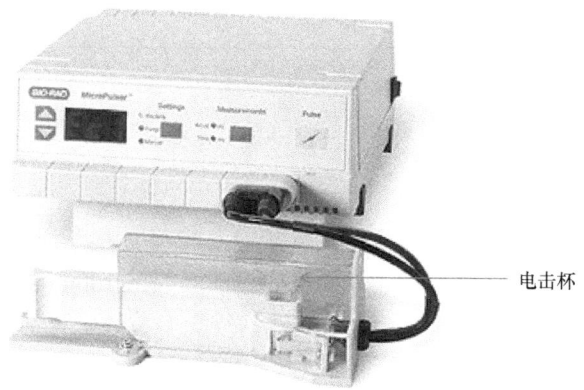

图 8-1　电转化仪

实验 9　SDS-PAGE

（张晓娟）

一、实验目的

①掌握 SDS-PAGE（聚丙烯酰胺凝胶电泳）的原理。
②熟悉 SDS-PAGE 的配制及 SDS-PAGE 的操作过程。

二、实验原理

聚丙烯酰胺凝胶是由丙烯酰胺和 N,N'-亚甲基双丙烯酰胺在催化剂的作用下聚合交联而成的具有网状立体结构的凝胶。在电场的作用下，带电粒子能在聚丙烯酰胺凝胶中迁移，其迁移速率与带电粒子的大小、构型和所带的电荷有关。

SDS-PAGE 是在聚丙烯酰胺凝胶系统中引入 SDS（十二烷基硫酸钠）。SDS 是一种阴离子表面活性剂，能打断蛋白质的氢键和疏水键，破坏蛋白质的二级和三级结构。此外，SDS-PAGE 中还添加有强还原剂（如巯基乙醇或二硫苏糖醇），能使半胱氨酸之间的二硫键断裂并解聚成多肽链。在一定浓度的含有强还原剂的 SDS 溶液中，蛋白质分子与 SDS 按照一定的比例结合成复合物（1g 蛋白质与 1.4g SDS 结合）。这种结合使蛋白质带负电荷的量远远超过其本身原有的电荷，从而使得电泳时蛋白质电荷差异这一因素被去除或减小到可以忽略不计的程度。因此，各种蛋白质-SDS 复合物在电泳时的迁移速率不再受原有的电荷和构型的影响，而只与蛋白质的分子量相关。

当蛋白质的分子量在 15～200kDa 时，蛋白质的迁移速率和分子量的对数呈线性关系，符合公式

$$\log M_w = K - bX$$

式中，M_w 为分子量；X 为迁移速率；K、b 均为常数。若将已知分子量的标准蛋白质的迁移速率对分子量对数作图，可获得一条标准曲线，未知蛋白质在相同条件下进行电泳，根据电泳迁移速率即可按标准曲线求得其分子量大小。

三、实验内容

制备大肠杆菌粗蛋白液，并进行 SDS-PAGE。

四、实验材料、试剂及所用仪器

1. 材料与试剂

①大肠杆菌（*E. coli* DH5α）菌液。

②30% Acr/Bis（37.5∶1）：29.2g 丙烯酰胺和 0.8g N,N'-亚甲基双丙烯酰胺，定容至 100ml，过滤，4℃避光保存。

③分离胶 buffer（1.5mol/L Tris-HCl，pH 8.8）：7.23g Tris-base 溶于 80ml 去离子水中，用浓 HCl 调 pH 至 8.8，定容至 150ml。

④浓缩胶 buffer（1.0mol/L Tris-HCl，pH 6.8）：6g Tris-base 溶于 60ml 去离子水中，用浓 HCl 调 pH 至 6.8，定容至 100ml。

⑤10% SDS（pH 7.2）。

⑥10%过硫酸铵（APS）：100mg APS 溶于 1ml 去离子水，–20℃保存。

⑦10×Tris-甘氨酸 SDS-PAGE 电泳缓冲液：称取 30.3g Tris-base、144.0g 甘氨酸和 10.0g SDS 定容至 1L 去离子水，不用调 pH，4℃保存。

⑧4×Tris-HCl/SDS，pH 6.8：取 3g Tris 溶于 100ml 水，调 pH 至 6.8，加入 0.2g SDS。4℃保存 1 个月。

⑨2×蛋白质上样缓冲液：3.55ml 去离子水，1.25ml 0.5mol/L Tris-HCl（pH 6.8），2.5ml 甘油，2.0ml 10% SDS，0.2ml 0.5%（m/V）溴酚蓝，0.5ml β-巯基乙醇，混匀后分装，并于–20℃保存。

⑩6×蛋白质上样缓冲液：7ml 4×Tris-HCl/SDS（pH 6.8），3ml 甘油，1g SDS，3mg 溴酚蓝，0.93g DTT，混匀后分装，并于–20℃保存。

⑪磷酸缓冲液 PBS（pH 7.2～7.4）。

⑫蛋白质染色-固定液（500ml）：1.25g 考马斯亮蓝 R-250，溶于 200ml 去离子水中。加入 250ml 甲醇和 50ml 乙酸。

⑬脱色液（500ml）：200ml 甲醇，50ml 乙酸，250ml 去离子水。

⑭N,N,N',N'-四甲基乙二胺（tetramethylenediamine，TEMED）。

2. 实验仪器

①垂直电泳仪（图 9-1）。

②电泳仪电源。

③水浴锅。

④振荡培养箱。

⑤常温高速离心机。

⑥脱色摇床。

⑦凝胶成像仪。

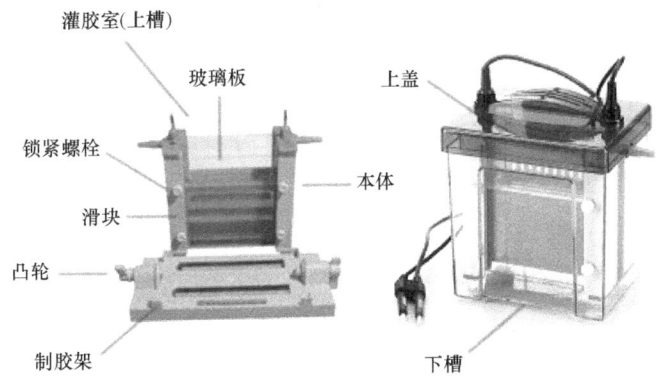

图 9-1　垂直电泳仪结构组成示意图

五、操作步骤

1. 装配胶室

①将干净的隔条玻板（带隔条的玻璃板）的隔条一面与凹版玻板（带凹口的玻璃板）组合，组成灌胶室。

②将本体水平放置，松开本体上的螺栓，拉开左右滑块。

③放入由两块玻璃组成的灌胶室，带凹口的朝向电极头一端。合上滑块，垂直放置本体，拧锁紧螺栓，锁紧灌胶室。

④检查灌胶室的两块玻璃板底部是否对齐并紧贴本体底端。

注意：如果没有压紧对齐，有可能会出现漏胶现象。

⑤将制胶架凸轮往两边拉开，本体放入制胶架，插入并旋紧凸轮使其玻板底部压紧密制胶架的封胶条，即可灌胶。

2. 制胶

（1）10%分离胶的制备（10ml/块）。

水/ml	30% Acr/Bis/ml	1.5mol/L Tris-HCl（pH 8.8）/ml	10% SDS/ml	总体积/ml
4.1	3.3	2.5	0.1	10.0

①如上表所示，在小烧杯中依次加入水、30%Acr/Bis、1.5mol/L Tris-HCl（pH 8.8）、10%SDS，轻轻混匀。

②加入 50μl 10% APS，轻轻混匀；加入 5μl TEMED，轻轻混匀。

③用 1ml 移液器，将上述混合液加入凝胶室中。

注意：分离胶液面离玻璃板上沿约 2cm（该空间用来制备浓缩胶），大约 7.5ml。

④从胶板的左右两侧缓慢加入去离子水（约 1ml），使分离胶上表面覆盖一层水，以隔绝空气，加速胶的凝固。

（2）4%浓缩胶的制备。

①待分离胶完全凝固（约 30min，分离胶与水层会形成明显的分界线），倒掉水层，并用滤纸吸干残余的水滴。

水/ml	30% Acr/Bis/ml	1.0mol/L Tris-HCl（pH 6.8）/ml	10% SDS/ml	总体积/ml
6.1	1.3	2.5	0.1	10.0

②如上表所示，在一个小烧杯里依次加入水、30%Acr/Bis、1.0mol/L Tris-HCl（pH 6.8）、10%SDS，轻轻混匀。

③加入 50μl 10% APS，轻轻混匀；加入 10μl TEMED，轻轻混匀。

④用 1ml 移液器，将上述混合液加入分离胶上层，插入梳子，室温放置 30~40min，待胶完全凝固。

3. 上样、电泳

①待凝胶完全凝固后，松开凸轮，取出本体组合，放入下槽。将 1×Tris-甘氨酸 SDS-PAGE 缓冲液倒入上、下贮槽中，液面没过短板 0.5cm 以上，小心拔掉梳子，准备加样。

②从管中吸取 1ml 菌液，12 000r/min 离心 1min，弃上清液，向沉淀中加入 100μl PBS，涡旋振荡以充分悬浮细胞沉淀，制成蛋白质样品。

③吸取 10μl 蛋白质样品，加入 10μl 2×蛋白质上样缓冲液，混匀，于 95℃水浴加热 10min，12 000r/min 离心 2min，取 20μl 上样。

注意：每块胶最左边一个泳道加一个蛋白质 marker。

④加样后，安装上盖，将电泳仪导线插入电源。将直流稳压电泳仪开关打开，开始将电压调至 80~100V。待样品进入分离胶时，将电压调至 120~150V。

⑤当蓝色染料迁移至底部时，关闭电源。拆掉电泳仪，取出玻璃板，用取胶器轻轻将一块玻璃撬开移去，将凝胶剥离，去掉浓缩胶部分，在分离胶一端切除一角作为标记。

4. 染色、脱色及拍照

①将凝胶浸泡在装有染色液的器皿中，置于脱色摇床上轻轻晃动 30min 或过夜。

②染色结束后，用蒸馏水漂洗数次，再加入脱色液，置于脱色摇床上轻轻晃动直至蛋白质区带清晰。

③将脱色好的凝胶放入凝胶成像仪，拍照保存。

六、注意事项

①出现纹理或拖尾现象：主要是由样品不溶性颗粒引起的。处理办法：加样前离心；加适量样品促溶剂（如尿素）。

②蛋白质带过宽，邻近泳道的蛋白质带相连：由于加样量太多，可以减少上样量。

③胶不凝固或凝固时间不正常：通常胶在 30～60min 凝固。如果凝得太慢，可能是 TEMED、APS 剂量不够或者失效。APS 应该现用现配，TEMED 不稳定，易被氧化成黄色。如果凝得太快，可能是 APS 和 TEMED 用量过多，此时胶太硬易裂。

④电泳时间比正常要长：可能由于凝胶缓冲系统和电极缓冲系统的 pH 选择错误，即缓冲系统的 pH 和被分离物质的等电点差别太小，或缓冲系统的离子强度太高。

⑤电泳中条带很粗：主要是胶未浓缩好的原因。适当增加浓缩胶的长度；保证浓缩胶贮液的 pH 正确（pH 6.8）；适当降低电压。

七、实验报告

①简述实验流程，以图的形式展示实验结果。
②制胶过程中需要注意哪些问题？
③分析蛋白质跑胶结果，提出实验优化的改进意见。
④讨论 SDS-PAGE 的优缺点。

八、思考题

①10% APS 和 TEMED 在制备凝胶中的作用是什么？这两种试剂在凝胶溶液中的比例变化会怎样影响凝胶？
②电泳过程中为什么先用低电压再使用高电压进行电泳？
③95℃水浴的作用是什么？若水浴后蛋白质样品呈黏稠状，应如何改善条件？

九、拓展环节

银染法

银染法是一种用于检测聚丙烯酰胺凝胶中蛋白质（或核酸）的高灵敏度方法。在碱性条件下，用甲醛将蛋白质带上的硝酸银（银离子）还原成金属银，以使银颗粒沉积在蛋白质带上。银染较考马斯亮蓝 R-250 灵敏 10～50 倍（检测限为 2～5.0ng/蛋白质条带）。

银染法的具体操作步骤如下表。

序号	步骤	溶液	处理时间
1	固定	50%甲醇；12%乙酸；50μl 37%甲醛/100ml 固定液	≥1h
2	漂洗	50%乙醇	20min（三次）
3	预处理	$Na_2S_2O_3 \cdot 5H_2O$（0.2g/L）	1min[*]
4	漂洗	H_2O	20s[*]（三次）
5	浸润	$AgNO_3$（2g/L）；75μl 37%甲醛/100ml 浸润液（甲醛在使用前现加入）	20min
6	漂洗	H_2O	20s[*]（两次）
7	显色	Na_2CO_3（60g/L）；0.5ml 37%甲醛/L 显色液；$Na_2S_2O_3 \cdot 5H_2O$（4mg/L）	注意观察颜色变化
8	洗膜	H_2O	快速洗膜一次
9	终止反应	10%甲醇；10%乙酸	10min
10	保存		将膜在去离子水中简单漂洗一次，然后夹在两张滤纸中间，避光保存

[*]表示时间需要非常精确

实验 10　表达蛋白的分离与纯化

（张晓娟）

一、实验目的

①掌握表达蛋白分离与纯化的原理。
②掌握表达蛋白分离与纯化的步骤。

二、实验原理

蛋白质纯化主要是利用蛋白质与亲和介质的亲和能力不同达到蛋白质分离纯化的目的。表达蛋白常见的蛋白质标签有 His 标签和 GST 标签。His-Tag 融合蛋白是目前最常见的表达方式，体系成熟，它的优点是表达方便且基本不影响蛋白质的活性，无论是可溶性表达蛋白还是包涵体蛋白都可以用固定金属离子亲和色谱进行纯化。本实验主要介绍固化 Ni^{2+} 亲和层析纯化带有 His-Tag 标签的表达蛋白的方法。

携带有目标蛋白基因质粒的大肠杆菌，在异丙基硫代-β-D-半乳糖苷（IPTG）诱导下，过量表达带有 6 个连续组氨酸残基的重组蛋白。多聚组氨酸能与多种过渡金属和过渡金属螯合物结合。研究表明，带 6 个组氨酸标签的多肽能与固化 Ni^{2+}-NTA 填料结合，无论是在天然还是变性条件下都能得到很好的纯化（Hochuli et al.，1988）。相对而言，不带标签的天然蛋白一般对这类基质的亲和力都不高，纯化存在一定的困难，因此，重组技术产生的 His-6 标记的蛋白质就能用金属螯合亲和色谱进一步纯化。

另外，Ni^{2+} 柱中的氯化镍可以与有组氨酸标签的蛋白质结合，也可以与咪唑结合，因此，在用适当缓冲液冲洗去除其他蛋白质后，再用可溶的竞争性螯合剂洗脱可以回收靶蛋白，50～100mmol/L pH 7～8 的咪唑通常能实现有效洗脱。Ni^{2+} 树脂容易再生，可以反复使用多次，且它的结合容量大，2.5ml 柱可以纯化达 20mg 的重组蛋白，以至于表达带 6 个组氨酸标签的蛋白质配合固定化 Ni^{2+} 亲和色谱的方法，成为最常用且最有效的纯化表达蛋白、研究蛋白质结构和功能的有力手段。

三、实验内容

利用 Ni^{2+} 柱纯化表达蛋白。

四、实验材料、试剂与仪器

1. 实验材料与试剂

①经 IPTG 诱导后的大肠杆菌菌液。
②Ni-NTA His-Band Resin（Novagen）。
③苯甲基磺酰氟（PMSF）贮备液。
④1×binding buffer：0.5mol/L NaCl，20mmol/L Tris-HCl，5mmol/L 咪唑，pH 7.9。
⑤1×washing buffer：0.5mol/L NaCl，20mmol/L Tris-HCl，60mmol/L 咪唑，pH 7.9。
⑥1×charge buffer：50mmol/L $NiSO_4$。
⑦1×strip buffer：0.5mol/L NaCl，20mmol/L Tris-HCl，100mmol/L EDTA，pH 7.9。
⑧1×elution buffer：0.5mol/L NaCl，20mmol/L Tris-HCl，1mol/L 咪唑，pH 7.9。
⑨SDS-PAGE 相关试剂。
⑩尿素溶液：2mol/L、4mol/L、6mol/L。
⑪6mol/L 胍。
⑫0.15mol/L NaCl。
⑬去离子水。

2. 实验仪器

①超声波破碎仪。
②离心机。
③电泳仪。
④电泳仪电源。
⑤脱色摇床。
⑥水浴锅。

五、操作步骤

(一) 可溶性蛋白的纯化

1. 细胞提取物的制备

①取 50ml 菌液置于 50ml 离心管中，4℃、10 000r/min 离心 10min，收集沉淀（如果不是马上破碎可以放 -70℃冷冻）。

②用 8ml 1×binding buffer 重悬诱导的菌体，加入 PMSF 至终浓度 1mmol/L。

③将菌液置于冰上，进行超声波破碎直至菌液澄清透亮，超声波破碎的条件为功率 300W，处理 7s，间隔 7s，超声波处理约 5~20min，至菌液澄清透亮。

④将破碎后的液体于 4℃、12 000r/min 离心 10min，取上清液并用 0.45μm 的滤膜过滤待用。

2. Ni^{2+} 柱制备

①轻轻颠倒混匀固化 Ni^{2+} 树脂，吸取 2ml 装入层析柱，树脂自然沉降。

②用 2 倍体积的去离子水冲洗树脂 2 次（树脂沉降后的体积为 1 个柱体积）。

③用 2 倍体积的 1×charge buffer 平衡树脂 3 次。

④用 2 倍体积的 1×binding buffer 平衡树脂 2 次。

3. 可溶性蛋白的纯化与检测

①将步骤 1. ④获得的细胞裂解液上清上柱，室温静置孵育 1h 后，调整液体以流速 3~4 滴/min 流出。

②用 3 倍体积的 1×binding buffer 洗脱杂蛋白，重复 2 次。

③用 3 倍体积的 1×washing buffer 洗脱杂蛋白，重复 2 次。

④用 1~2 倍体积的 1×elution buffer 洗脱结合的蛋白质，每份 1ml 分布收集，收集的蛋白质经 10% SDS-PAGE 检测表达蛋白纯化的效果。

⑤使用完的 Ni^{2+} 树脂用 2 倍体积的 1×strip buffer 进行再生，去除 Ni^{2+}。

(二) 包涵体蛋白的纯化

包涵体蛋白的纯化过程与可溶性蛋白类似，只是在纯化过程中一些试剂需要加入变性剂 6mol/L 尿素或 6mol/L 胍（其中 charge buffer 不需要加变性剂）。纯化后的蛋白质需要经透析复性。具体步骤如下。

①用 6~8mol/L 的尿素溶液溶解包涵体纯化蛋白，4℃溶解 3h 以上。

②根据目标蛋白的大小，准备合适的透析袋，将溶解在尿素中的蛋白质放入透析袋中，置于含 0.15mol/L NaCl 和 4mol/L 尿素的透析液中，磁力搅拌，4℃透

析 3h 以上。

③将上述透析液换为含 0.15mol/L NaCl 和 2mol/L 尿素的透析液，磁力搅拌，继续 4℃透析 3h 以上。

④将上述透析液换为不含尿素的透析液，磁力搅拌，继续 4℃透析过夜。

⑤将透析后的蛋白质转移到离心管中，-20℃保存备用。

六、注意事项

①样品的处理对纯化是非常重要的，超声波破碎要温和，不能使蛋白质断裂或者降解，否则一些片段同样也带有标签，增加纯化的难度。需要注意的问题是超声波破碎时，样品温度不能过高，整个过程在冰上进行，破碎时要有一定的时间间隔，破碎总耗时不可太长。

②细胞提取物中可以加入蛋白酶抑制剂，但不能加入 EDTA 或其他螯合剂，否则它们会将 Ni^{2+} 从树脂上带下来，破坏树脂对组氨酸的亲和力。

③纯化包涵体蛋白所用到的含尿素的试剂需现用现配，不能长时间存放。Ni^{2+} 柱重复使用不可超过 10 次。

④常见问题及解决方法如下。

a. 蛋白质不溶解或沉淀在柱子上：要留意缓冲液体的 pH，此外在样品中添加一些表面活性剂甚至乙醇等有机溶剂可以增加疏水性蛋白的溶解度，避免沉淀。

b. 蛋白质不吸附：通常的原因是标签不暴露，被折叠在蛋白质的结构内，可以在变性的条件下纯化，也可以选择作用力更强、配基密度更高的填料，填料的好坏可以看填料的颜色，颜色越深说明配基密度越高，作用力也相应越强。

c. 电泳杂带多：可以在不同浓度的咪唑阶段洗脱，此外在咪唑洗脱前增加一步 0.5mol/L pH 5.0 的乙酸缓冲液洗脱，或在 binding buffer 中添加 0.5%吐温或 Triton X-100。

七、实验报告

①简述实验原理与流程，以图的形式展示实验结果。

②分析实验成败的原因，提出实验优化的改进意见。

③讨论蛋白质纯化过程中应该注意的问题。

④若获得的纯化蛋白质电泳结果中有较多杂蛋白，分析可能的原因。

八、思考题

①上样后，流速要控制在 3~4 滴/min，不可太快，这是什么目的？若流速太

快会导致什么后果？

②如何提高蛋白质纯化的效率？有什么替代方法？

③超声波破碎获得细胞提取物时应注意什么？除超声波之外，还有什么方法可以获得细胞提取物？

九、拓展环节

GST 琼脂糖亲和层析纯化表达蛋白

谷胱甘肽-S-转移酶（GST）是一类以谷胱甘肽作为底物，通过形成硫醇尿酸失活的毒性小分子酶。由于 GST 对底物谷胱甘肽（GSH）的亲和力是亚摩尔级的，因此，可以将谷胱甘肽固化于琼脂糖形成的亲和层析树脂上，可以非常方便地对 GST 及其融合蛋白进行纯化，且谷胱甘肽琼脂糖对 GST 融合蛋白的结合能力很强，每毫升柱床体积的树脂能够结合 8mg 融合蛋白。用适当的缓冲液洗去杂蛋白后，目标蛋白可以利用含游离的谷胱甘肽的缓冲液洗脱。树脂可以用含 3mol/L NaCl 的缓冲液再生，重复使用。

参 考 文 献

Hochuli E, Bannwarth W, Dobeli H, et al. 1988. Genetic approach to facilitate purification of recombinant proteins with a novel metal chelate adsorbent. Nature Biotechnology, 6(6): 1321-1325

实验 11 综合实验——基因克隆

(黄立华)

一、实验目的

综合应用多种实验技术来完成一个相对复杂或相对完整的生物学实验。

二、实验原理

基因克隆是分子生物学研究中最基本的一项技术。通过基因克隆可以将特定的目的基因片段插入质粒载体分子上，从而构建重组 DNA 分子。它涉及多种常见的分子操作技能，如基因组 DNA 提取、PCR、连接、转化等。

三、实验内容

从花椰菜中提取基因组 DNA 并克隆其肌动蛋白基因（*actin*）。

四、实验材料、试剂及所用仪器

图 11-1 花椰菜

1. 材料

花椰菜（*Brassica oleracea*，图 11-1）。也可以选择其他方便获取的材料，如果蝇（*Drosophila melanogaster*）、猪（*Sus scrofa domestica*）肝、鸡（*Gallus gallus*）血、拟南芥（*Arabidopsis thaliana*）等。

2. 试剂

①基因组 DNA 提取：CTAB 组织消化液、NaAc（3mol/L，pH 5.2）、氯仿、无水乙醇、TE 缓冲液、上样缓冲液（loading buffer）、去离子水等。

② PCR：dNTP(2.5mmol/L 每种 dNTP 单一组分的浓度为 2.5mmol/L)、10×PCR buffer、r*Taq* DNA 聚合酶、上下游引物。本实验拟扩增花椰菜 *act1* 基因（GenBank 登录号：AF044573），其引物序列见下表。也可以根据教学实际情况选用其他生

物材料设计引物，扩增相应的 actin 基因。

物种	引物方向	序列（5'→3'）	PCR 产物大小/bp
花椰菜	上游引物	ACTGTTCCAATCTACGAGGGT	618
	下游引物	TGGACCTGCCTCATCATACT	

③连接：T4 DNA 连接酶、T4 DNA 连接酶 buffer、T easy vector。

④转化：大肠杆菌 DH5α 菌株 0.1mol/L CaCl$_2$、LB 培养液、固体 LB 培养基（含 50~100μmol/L 氨苄青霉素）。

3. 实验仪器

①10ml 玻璃匀浆器。
②PCR 仪。
③水浴锅。
④离心机。
⑤超净工作台。
⑥摇床。
⑦培养箱。
⑧紫外透射仪。
⑨Nanodrop。
⑩纯水仪。
⑪灭菌锅。
⑫核酸电泳仪等。

五、操作步骤

1. 基因组 DNA 的提取

①取适量（300~500mg）植物组织，加入 2ml CTAB 组织消化液，充分匀浆 2~3min，转移 700μl 匀浆液至一支 1.5ml 离心管中，65℃水浴 45min（中间摇动 2~3 次）。

②加入 700μl 氯仿，上下摇动 2~3min（务必戴上手套）。

③12 000r/min 离心 10min，取 400μl 上清液转移至一支 1.5ml 离心管中。

④加入 1/10 体积的 NaAc（3mol/L，pH 5.2）（约 40μl），上下颠倒 3~4 次混匀。

⑤再加入 2 倍体积的无水乙醇（0.9ml），上下颠倒 3~4 次混匀（如 DNA 量大，此时可见絮状 DNA 沉淀）。

⑥12 000r/min 离心 2min，缓缓倒掉上清液（剩余的液体可以用移液器吸走），管底的沉淀即 DNA。

⑦加入 200μl TE 缓冲液（含 50μg/ml RNase），轻弹管底，以溶解 DNA（一定要使 DNA 完全溶解于 TE 中，否则将影响产率和电泳效果）。
⑧将 DNA 溶液置于 37℃水浴中 30min（降解残留的 RNA）。
⑨取 5~10μl DNA（加适量 loading buffer）电泳检测。
⑩取 2μl DNA 测定浓度和 OD_{260}/OD_{280}。
⑪剩余的 DNA 溶液保存于-20℃冰箱中。

2. PCR

①取 1 支 1.5ml 离心管，加入以下试剂。

试剂	体积μl/1 管	体积μl/4 管
去离子水	17.25	69.0
10×PCR buffer	2.5	10.0
dNTP（每种 dNTP 单一组分的浓度为 2.5mmol/L）	2.0	8.0
上游引物（10μmol/L）	1.0	4.0
下游引物（10μmol/L）	1.0	4.0
DNA*	1.0	4.0
rTaq DNA 聚合酶	0.25	1.0
总体积	25	100

*表示提取的基因组 DNA 稀释 100 倍后用作 PCR 的模板

②轻弹管底，以混匀 PCR 液，稍离心。
③将上述溶液分装入 4 支 0.2ml 的薄壁 PCR 管中。
④放入 PCR 仪中，按照如下参数进行 PCR。

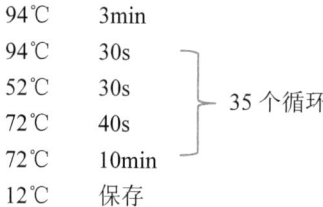

⑤PCR 结束后，取 5μl PCR 产物进行电泳检测，剩余的 PCR 产物放置于-20℃冰箱中。

3. PCR 产物的回收

本实验将采用 EZNA Gel Extraction Kit（OMEGA Bio-tek 公司）来进行。第一次使用前，washing buffer 须加入 1.5 倍体积的无水乙醇来稀释。
①将上述 100μl PCR 产物与 20μl 6×loading buffer 混合后,全部点入相邻的 3~4 个点样孔中，电泳 30~40min。

②取一支干净的 1.5ml 离心管,并称重。

③在紫外透射仪上将 PCR 条带切下,转入上述离心管中,并称重。

注意:最好重新配制新鲜的电泳缓冲液。因为用过多次的电泳缓冲液,其 pH 会上升,这会降低回收的产量。切胶时,不要让胶在紫外线下暴露超过 30s。

④加入 1 倍体积胶条量的 binding buffer(试剂盒自带试剂)(300~600μl),60℃水浴 7min,直至胶完全熔化。每 2~3min 振动一下离心管,以助熔(每 1g 胶条相当于 1ml 的量)。

注意 1:DNA 片段如果小于 500bp,须在胶条熔解后,立即再加入 1 倍胶条量的异丙醇。如果 DNA 片段大于 4kb,则须加入 1.5 倍胶条量的异丙醇。

注意 2:胶条完全熔解后,要监测其 pH 的变化,如果 pH 大于 8.0,则回收的量会大大降低。如果溶液的颜色呈橘黄色或红色,则须加入 5μl 5mol/L 乙酸钠(pH 5.2),以使溶液的 pH 降下来;这样调整后,溶液的颜色呈亮黄色。

⑤吸取 700μl 上述溶液,加入吸附柱中(吸附柱外面套一个 2ml 的收集管)。室温下,10 000r/min 离心 1min,弃掉离心下来的液体。

注意:如果溶解的胶条的体积大于 700μl,可重复上述步骤。每个吸附柱最大可吸附 25~30μg 的 DNA。如果溶解的胶条的量很大,可换个新的吸附柱。

⑥加入 300μl binding buffer,洗涤吸附柱,12 000g 离心 1min。

⑦弃掉离心下来的液体,加入 700μl SPW buffer(试剂盒自带)(无水乙醇稀释过),放置 3min,12 000g 离心 1min。

⑧重复步骤⑦。

⑨弃掉离心下来的液体,空吸附柱 12 000g 离心 1min,以干燥吸附柱。

⑩将 column(试剂盒自带)放入一新的 1.5ml 离心管中,加入 40μl DNA elution buffer(60℃预热),放置 1min,12 000r/min 离心 2min。离心下来的液体就是回收的 PCR 产物。

⑪取 2μl 在 Nanodrop 仪上测定浓度。

注意:260nm 处应该有很明显的吸收峰。此外,回收产物的浓度最好>30ng/μl。否则,会影响后续的连接反应。

4. 连接反应

①按照下表加入相应的试剂。

试剂	体积/μl
去离子水	4
T4 DNA 连接酶 buffer(10×)	1
回收的 PCR 产物	3
T easy vector	1
T4 DNA 连接酶	1
总体积	10

②轻弹管底以混匀，瞬时离心，16℃反应 2h 或 4℃放置过夜。

5. 转化

①取出感受态细胞，置于冰上溶解（约 3min），取 1.5ml 离心管，加入 100μl 感受态细胞。

②加入 10μl 连接产物，用手轻弹离心管底部，混匀，冰浴 10min。

③42℃水浴中热激感受态细胞 90s。

④迅速将管放置于冰浴中，使细胞冷却 3min。

⑤加入 500μl LB 培养液（无氨苄青霉素）。

⑥37℃，70～80r/min 摇菌 1.0～1.5h。

⑦3600r/min 离心 90s。

⑧弃上清，留下约 100μl 的菌体沉淀，轻弹管底，以混匀，并涂布于制作好的筛选平板（含 50～100μg/ml 氨苄青霉素）上。

⑨先正放 15min，然后 37℃倒置培养 12～14h。

6. 阳性克隆鉴定

①从上述筛选平板上挑取 10 个单克隆，分别放入 10 支装有 0.5ml 含氨苄青霉素的 LB 培养液的离心管中。

②37℃，200r/min 摇菌过夜。

③从上述 10 支离心管中分别吸取 1μl 菌液作为后续 PCR 鉴定的模板。

④按照第 54 页 PCR 所述的步骤进行 PCR，根据电泳图谱来鉴定是否为阳性克隆。

六、注意事项

①连接产物转化效率远远低于质粒 DNA 的转化效率。因此，要想转化实验成功，获得具有高转化效率的感受态细胞十分关键。

②基因克隆是一个前后连贯性很强的大实验，由多个相对独立的小实验组成。前面的每一个实验结果，都会对后面的实验成败造成十分显著的影响。因此，要取得最终的实验结果，每一步都很关键，必须保证每一个小实验都能够取得良好的结果。最好的办法是，每一步实验结果都能够得到验证，最好"亲眼看到"每一步的结果，如电泳检测等，以方便做出判断。切忌在前一个实验结果不够理想的情况下，匆忙开展下一步实验。这样往往会徒劳无功，在浪费了大量时间以后，最后还得返回到初始点。一步一个脚印，才是制胜法宝。

七、实验报告

①简述整个实验流程。
②以图或表的形式列出每一个阶段性实验的结果。
③分析实验成败的可能原因,并给出未来的改进意见。
④讨论影响实验成败的关键步骤有哪些?

八、思考题

①在本实验中,我们采用基因组 DNA 作为克隆的模板。但很多情况下,也可以用 cDNA 来进行基因克隆。请问,基因组 DNA 和 cDNA 作为基因克隆的模板各有哪些优缺点?

②PCR 扩增时,如果发现没有扩增出任何条带,该如何改进?如果发现扩增的产物有杂带(非特异性条带)出现,又该如何改进?

③做阳性克隆鉴定实验,有时候会发现氨苄青霉素平板上长出了很多单克隆,但最后发现绝大多数都是假阳性结果。请分析一下,为什么会出现这类情况?

④用 PCR 法进行阳性克隆鉴定,扩增出了与预期片段大小几乎一样的条带,但测序后发现仍然是假阳性结果。请分析出现这一情况的原因,如何解决?

九、拓展环节

克隆载体与蛋白表达载体的差异

基因克隆实验中用到的 T 载体都是克隆载体。目标片段在这类载体中能够进行 DNA 复制,从而获得大量的目标片段,用于进一步的分子实验。但克隆载体中的目标片段不能进行蛋白质翻译,因此无法获得相应的蛋白质产物。原因主要是,克隆载体不具备核糖体结合位点,也没有启动子。

克隆载体与蛋白表达载体所需要具备的主要特征如下。

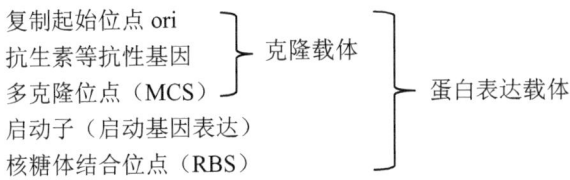

案 例 分 析

（黄立华）

一、PCR

如案例图 1 所示，1～4 个泳道都扩增出了预期的 PCR 条带（500bp），但 2 和 4 泳道除了 500bp 条带外，还有两条非特异性扩增的条带。考虑到都是在同一台 PCR 仪上进行的扩增，这种非特异性扩增很可能是由加样操作造成的，最可能的原因是加入了过量的 rTaq 酶，从而造成了非特异性扩增。解决办法：提高加样的准确性，注意 rTaq 酶的加入量。

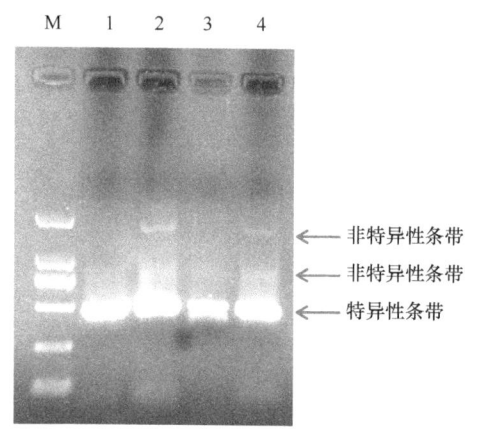

案例图 1　PCR

二、质粒 DNA 提取

如案例图 2 所示，5 个泳道都提取了质粒 DNA，但 4 和 5 泳道除了超螺旋质粒 DNA 外，还显示出了一条带（开环或线状质粒 DNA）。这可能是操作过程中用力过大，过强的机械剪切力造成了质粒 DNA 在某些局部位点出现了氢键的断裂。此外，4 和 5 泳道还出现了较强的 RNA 条带，这说明 RNA 没有很好地被去除掉。解决办法：①加入溶液Ⅱ后，操作要尽量轻柔；②增加 RNase 处理的时间，以充分降解质粒 DNA 中污染的 RNA。

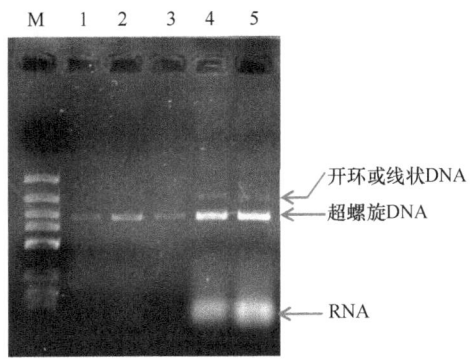

案例图 2　质粒 DNA 电泳

三、SDS-PAGE

案例图 3 所示为 SDS-PAGE 图谱。案例图 3A 电泳结果较好，条带清晰，但第 3 泳道出现了自上而下的纹理后拖尾。这很可能是蛋白质样品没有很好地溶解，里面混有少量不溶解的颗粒物而引起的。解决办法：①加样前高速离心 3～5min，上样时不要吸到沉淀物；②加入适量样品促溶剂如尿素等帮助样品溶解。案例图 3B 电泳效果不好：电泳条带较粗，上下条带没有明显的分界线。主要原因可能是胶没有很好地凝固。解决办法：待胶充分凝固以后再开始上样、电泳。

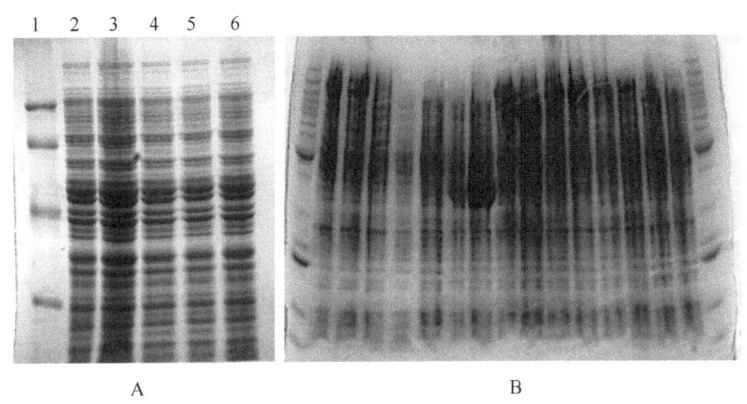

案例图 3　SDS-PAGE

第二部分

拓 展 篇

实验 1　总 RNA 提取

（赖建彬）

一、实验目的

①了解真核生物 RNA 提取的原理和用途。
②掌握 Trizol 试剂法提取 RNA 的方法和步骤。

二、实验原理

真核生物总 RNA 的提取，可用于反转录合成 cDNA、RT-PCR 和 Northern blotting 等，是分子生物学的基本技术。提取 RNA 的方法有很多种，其基本原理是通过异硫氰酸胍等试剂将细胞破碎并将 RNA 与其他细胞组分分离，利用异丙醇等沉淀之后，获得总 RNA。Trizol 是一种新型的 RNA 提取试剂，内含异硫氰酸胍和苯酚等成分，可快速裂解细胞，抑制细胞内释放的核酸酶。提取 RNA 过程中的主要问题在于 RNase 不易失活，可能导致 RNA 的降解，因此试剂和耗材可用焦碳酸二乙酯（DEPC）处理，以减少 RNase 的污染。

三、实验内容

①提取花椰菜总 RNA。
②检测其浓度、纯度和完整性。

四、实验材料、试剂及所用仪器

1. 材料与试剂

①花椰菜（*Brassica oleracea*）。也可选择其他方便获取的材料如果蝇（*Drosophila melanogaster*）、猪（*Sus scrofa domestica*）肝和拟南芥（*Arabidopsis thaliana*）等。
②Trizol 试剂。
③液氮。
④氯仿。

⑤异丙醇。
⑥无水乙醇。
⑦DEPC。
⑧75%乙醇。
⑨H_2O_2溶液。
⑩甲醛凝胶缓冲液。

2. 实验仪器

①通风橱。
②高压灭菌锅。
③研钵（或匀浆器）。
④台式低温离心机。
⑤超净工作台等。

五、操作步骤

1. 准备工作

①实验所用的研钵、药勺、试剂瓶及塑料制品（如吸头和离心管）等与实验材料有接触的器皿均需在通风橱内用 0.1% DEPC 水中浸泡 24h，之后用锡箔纸包裹或容器装盛，高温高压灭菌 30min 以上；烘干后备用（放置时间不超过一周）。

②RNase-free 的去离子水的制备：在通风橱内，向去离子水中加入 DEPC，使 DEPC 的终浓度为 0.1%，封口后混匀，放置 24h 后进行高温高压灭菌。

注意：由于 DEPC 是剧毒物质，所有相关操作、处理和放置都必须在通风橱中进行，避免吸入气体，妥当处理废液。

③玻璃器皿可以直接在 180~200℃烘箱中烘烤 8h 以上。

2. RNA 的提取

注意：所有操作都要戴手套，在通风橱内操作，避免污染，实验过程中不要谈话。

①分装 1ml 的 Trizol 试剂至 1.5ml 离心管中，置于冰上待用（Trizol 具有毒性，小心操作）。

②在研钵中倒入液氮，将金属药勺放入液氮中预冷，同时预冷 4℃离心机。

③将 100mg 的花椰菜或其他组织放入研钵，于液氮中研磨，先慢慢研磨，待液氮快干时加快研磨使之成为粉末，再加入少量液氮，用预冷的药勺将样品粉末装入装有 Trizol 的离心管中，充分混匀，室温静置 5min，使细胞充分裂解。

注意：小心操作，避免被液氮冻伤。

④（选做）当样品中蛋白质、脂肪及多糖含量较高时，可在4℃条件下12 000r/min离心10min，小心将上清液吸入新的1.5ml离心管中。

⑤在离心管中加入200μl氯仿，立刻充分混匀20s，室温静置5min。

⑥将离心管放入4℃离心机，12 000r/min离心15min。小心取上层溶液至新的离心管中，避免吸取中间层液体。

⑦加入500μl异丙醇，上下轻轻颠倒，混合均匀，室温静置10min。

⑧将离心管放入4℃离心机，12 000r/min离心10min，小心弃去上清液，可见管底胶状沉淀。

⑨加入1ml 75%乙醇（用无水乙醇和DEPC水配制），洗涤沉淀。

⑩在4℃条件下，5000r/min离心5min，小心弃去上清液（可用小吸头移除残余的液体）。

⑪将打开盖子的离心管置于超净工作台中，风干去除残余的乙醇（过分干燥可造成溶解困难），加入30～50μl去离子水（经DEPC处理）溶解沉淀的RNA，（如较难溶解可放在60℃水浴中促进溶解），溶解后样品放至冰上待用或-70℃保存。

3. RNA的检测

①分光光度法：吸取2μl提取的RNA，通过Nanodrop分光光度计检测RNA浓度及A_{260}/A_{280}值，分析RNA纯度。

②琼脂糖凝胶电泳：（为了减少RNase污染，RNA电泳槽可用去污剂洗涤，冲洗之后浸泡于3% H_2O_2溶液中10min，最后用0.1% DEPC水冲洗，晾干备用）通过1%琼脂糖凝胶进行电泳，凝胶成像观察，检测提取RNA的完整性。

六、注意事项

RNA非常容易降解，因此要从各个环节抑制RNase的活性，才能有效减少RNA降解，可以从以下几个方面考虑。①样品材料：a.用新鲜的材料；b.取完样后如暂时不用，需立即放置于液氮中保存，或者液氮速冻后放置于-80℃超低温冰箱中保存（效果不如液氮保存）；c.可以将样品切成小块后置于RNAlater或RNAsafer等保护剂中，4℃放置过夜，然后转移至-20℃冰箱放置（1～3个月）。②塑料制品（枪头、电泳槽等）用0.1% DEPC浸泡处理过夜，然后高温灭菌。③玻璃制品可以在180℃烘烤8h以上。

七、实验报告

①简述实验的原理和流程。

②附上琼脂糖凝胶电泳图片和分光光度计检测结果，分析 RNA 的浓度、纯度和完整性。

③分析 RNA 提取实验成败的原因及讨论实验注意事项对结果的影响。

八、思考题

①实验中哪些因素可能导致 RNA 降解？
②如何通过分光光度计和琼脂糖凝胶电泳确定 RNA 的浓度、纯度和完整性？
③如何防止和减少 RNA 提取过程中基因组 DNA 的污染？
④实验中哪些试剂对人体具有危害性？应如何防范？

九、拓展环节

甲醛变性胶

提取样品的总 RNA 后，一般根据 RNA 的凝胶电泳图来判断 RNA 的质量状况。由于 RNA 容易形成二级结构，因此常用甲醛变性胶来进行 RNA 电泳，得到的电泳图能真实反映 RNA 的质量状况。RNA 甲醛变性胶的操作步骤如下。

1. 凝胶的制备（80ml）

将 0.96g 琼脂糖加入 58ml 0.1% RNase-free 水中，100℃熔胶，冷却至 60℃后，加入 10×3-（N-吗啉丙磺酸）（3-Morpholinopropanesulfonic acid，MOPS）8ml、37%甲醛（12.3mol/L）14.4ml（终浓度 2.2mol/L）。在化学通风橱内灌制凝胶，于室温下放置 30min 以上，使凝胶凝固。

2. 样品的制备

在 RNase-free 的离心管内混合以下液体，以制备样品。

RNA	40μg（5～6μl）
10× MOPS 缓冲液	2.5μl
37%甲醛	4.5μl
甲酰胺	12.5μl（>50%）

于 65℃温育 15min，冰浴冷却，加入 2.5μl 10×甲醛凝胶缓冲液及 1μl 0.05μg/μl EB，混匀。

3. 预电泳

加样前，将凝胶浸入 1× MOPS 电极缓冲液中，预电泳 5min，电压降为 5V/cm，然后上样。

4. 电泳

以 3~4V/cm 的电压降进行电泳。

实验 2　实时定量 PCR

（黄立华）

一、实验目的

①应用实时定量 PCR 法检测斜纹夜蛾 *EcRB1* 基因在不同发育时期的表达水平。
②掌握实时定量 PCR 的基本原理及操作流程，学会利用该技术进行相关研究。

二、实验原理

实时定量 PCR（quantitative real-time PCR），又称实时荧光定量 PCR。其基本原理与普通 PCR 一样：每经历一次扩增，模板 DNA 分子数就增加一倍。所不同的是，实时定量 PCR 在反应体系中加入了荧光染料（或基团）。这样，新扩增的 DNA 分子中就含有荧光染料，并且随着 DNA 分子的扩增，荧光染料的量、荧光信号强度也逐渐递增。因此，可以利用荧光信号的强度来实时监控 PCR 体系中 DNA 的分子数。

（一）实时定量 PCR 的检测方法

根据荧光染料的不同，检测方法也有所不同，主要可以分为两类。

1. SYBR Green I 法

在 PCR 体系中，加入过量 SYBR 荧光染料。随着 PCR 的进行，溶液中 DNA 的分子数逐渐增加，SYBR 荧光染料特异性地掺入 DNA 双链后，发射荧光信号，而不掺入链中的 SYBR 染料分子不会发射任何荧光信号，从而保证荧光信号的增加与 PCR 产物的增加完全同步。

2. TaqMan 探针法

PCR 扩增在加入一对引物的同时，另外加入一个特异性的荧光探针，该探针为一寡核苷酸，两端分别标记一个报告荧光基团和一个淬灭荧光基团。探针完整时，报告荧光基团发射的荧光信号被淬灭荧光基团吸收；PCR 扩增时，*Taq* 酶的 5′→3′外切酶活性将探针酶切降解，使报告荧光基团和猝灭荧光基团分离，从而使荧光监测系统可接收到荧光信号，即每扩增一条 DNA 链，就有一个荧光分子形成，实现了荧光信号累积与PCR产物形成完全同步。

(二) 重要概念

1. 荧光阈值 (threshold, 图 2-1)

一般荧光阈值设置为前 3~15 个循环的荧光信号的标准偏差的 10 倍。荧光阈值通常由仪器所带的软件自动计算得出。

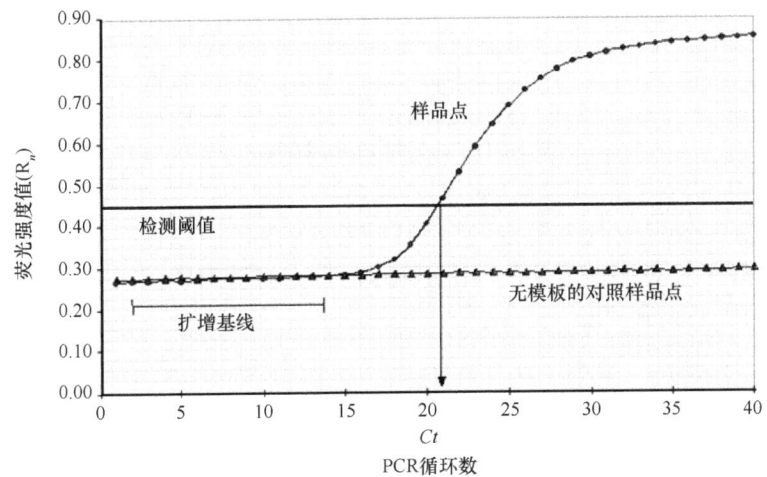

图 2-1 SYBR Green 定量 PCR 扩增荧光曲线图

2. Ct 值 (cycle threshold, 图 2-1)

Ct 值为每个反应管内的荧光信号到达设定阈值时所经历的循环数。Ct 值 (第 n 次循环) 与起始 DNA 模板的对数存在线性关系

$$Ct = \frac{\lg X_0}{\lg(1+E_x)} + \frac{\lg N}{\lg(1+E_x)}$$

式中，n 为扩增反应的循环次数；X_0 为初始模板量；E_x 为扩增效率；N 为荧光扩增信号达到阈值强度时扩增产物的量。起始拷贝数越多，Ct 值越小。

3. 熔解曲线 (dissociation curve)

随温度升高，DNA 双螺旋结构降解程度的曲线如图 2-2 所示。总的 DNA 双螺旋结构降解一半的温度称为熔解温度 (T_m)。不同序列的 DNA，T_m 值不同。熔解曲线是为了验证扩增产物的特异性，若熔解曲线是单峰说明产物只有一条，结果较好；若是双峰说明产物不特异，可能存在引物二聚体或非特异性扩增，有可能引物设计有问题。

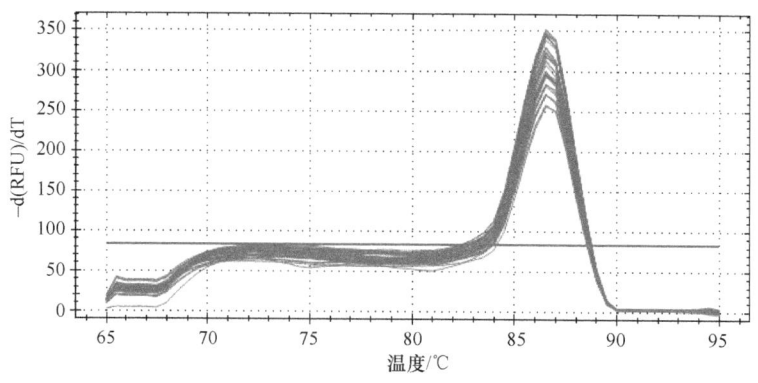

图 2-2　实时定量 PCR 熔解曲线图

（三）实时定量 PCR 的定量方法

实时定量 PCR 有两种定量方法：绝对定量（absolute quantification）和相对定量（relative quantification）。

1. 绝对定量

一般用于病原体检测、转基因食品检测、基因表达研究等，通常通过使用标准品来定量。绝对定量的标准样品主要是已知拷贝数的质粒 DNA。选用这种方法，首先要测定标准质粒 DNA 的浓度，并根据其分子量等信息确定其拷贝数。然后，等比例（1∶10）稀释 5~6 次，并将这些稀释后的样品作为标准品，建立标准直线（图 2-3）。待测样品的拷贝数可以根据其荧光强度，并通过该标准直线算出。理论上，所有标准直线的斜率（slope）均为–3.32。如果所得出的斜率偏差太大，则意味着该标准直线不可信。此外，定量 PCR 的扩增效率应接近 100%。

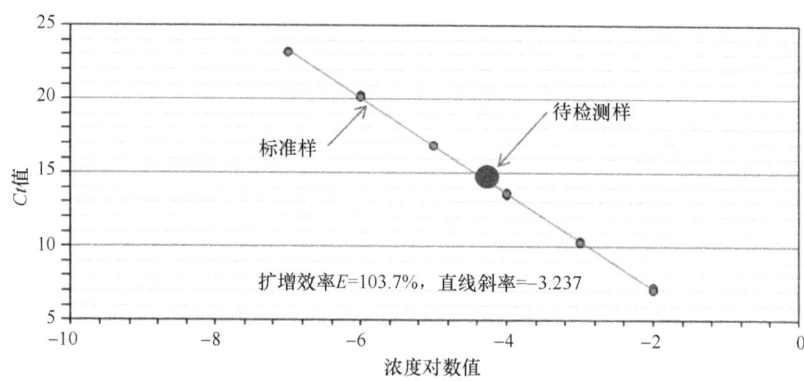

图 2-3　实时定量 PCR 标准直线

2. 相对定量

一般用于检测基因在不同组织中的相对表达差异、药物疗效考核、耐药性研究等。相对定量通过内标基因的表达来作为参照。内标（internal control）基因通常是 $\beta\text{-}actin$、$GAPDH$ 等管家基因，其在不同组织、不同发育阶段具有相对恒定的表达水平。相对定量也可以细分为两种。

① 相对标准直线法（relative standard curve method）：该方法与绝对定量方法相似，也需要先建立标准直线。但由于只是相对定量，故不需要精确测定标准品的拷贝数。通常仅需要知道标准品的稀释倍数就可以了。

② $2^{-\Delta\Delta Ct}$ 法（Livak and Schmittgen，2001）：Ratio（相对表达量）= $2^{-\Delta\Delta Ct}$。$\Delta\Delta Ct =$ ($Ct_{目的基因} - Ct_{管家基因}$)$_{实验组}$ − ($Ct_{目的基因} - Ct_{管家基因}$)$_{对照组}$。这样得出的是相对于某个对照（如未处理组），基因表达水平上升或下降的倍数。对照组的表达水平通常为1。

3. 几种定量方法的优缺点

① 绝对定量。

优点：可以准确地测定基因表达的拷贝数。

缺点：需要准确测定标准品的拷贝数；对标准品的质量要求较高；由于每次实验均需要标准品，因此试剂耗费量较大。

② $2^{-\Delta\Delta Ct}$ 法。

优点：不需要每次都测定标准直线，因此试剂耗费量小，是目前最为常用的方法。

缺点：需要考虑目的基因与内标基因的扩增效率，只有在两者扩增效率相近的前提下才能采用此方法。

③ 相对标准直线法。

优点：不必考虑目的基因与内标基因的扩增效率是否一致。

缺点：试剂耗费量较大。但这种方法介于绝对定量和 $2^{-\Delta\Delta Ct}$ 法之间，比较适合初学者。

（四）实时定量 PCR 的相关应用

1. 临床疾病诊断

各型肝炎、艾滋病、禽流感等传染病诊断和疗效评价；地中海贫血、血友病、性别发育异常、智力低下综合征、胎儿畸形等优生优育检测；肿瘤标志物及瘤基因检测实现肿瘤病诊断；遗传基因检测实现遗传病诊断。

2. 动物疾病检测

禽流感、新城疫、口蹄疫、猪瘟、沙门菌、寄生虫病等病原物的检测。

3. 食品安全

食源微生物、食品过敏源、转基因产品等的检测。

三、实验内容

用实时定量 PCR 法检测 *EcRB1* 基因在斜纹夜蛾不同发育时期肠组织中的表达差异。

四、实验材料、试剂及所用仪器

1. 材料

斜纹夜蛾幼虫、蛹、成虫期中肠组织（也可以结合实际情况选用其他材料，如果蝇、拟南芥等不同发育时期的组织）。

2. 试剂

①RNA 提取相关试剂（Trizol 等）。
②cDNA 合成试剂（Promega）。
③质粒提取试剂（Qiagen）。
④定量 PCR 试剂（TakaRa）。
⑤定量 PCR 引物。

根据斜纹夜蛾 *EcRB1* 基因（JQ730731）cDNA 序列，设计如下引物。

引物方向	序列（5'→3'）	PCR 产物大小/bp
上游引物	GCGTGCTCTTCTTACCTGTT	116
下游引物	CTATCCACTGTCTTGACTTTCG	

3. 实验仪器

实时定量 PCR 仪（ABI，7300）、离心机、摇床、水浴锅、超净工作台、电泳仪等。

五、操作步骤

1. cDNA 样品的制备

首先提取不同样品的总 RNA，然后用 M-MLV Reverse Transcriptase（Promega，

M170A）反转录成 cDNA，用去离子水稀释 10 倍后备用。

2. 实时定量 PCR 参数的设置

根据选用的定量试剂及定量 PCR 仪器的不同，选用不同的定量 PCR 参数。图 2-4 为 ABI7300，SYBR®Premix Ex *Taq*™II（TakaRa，Code No. RR820Q）所采用的参数设置。

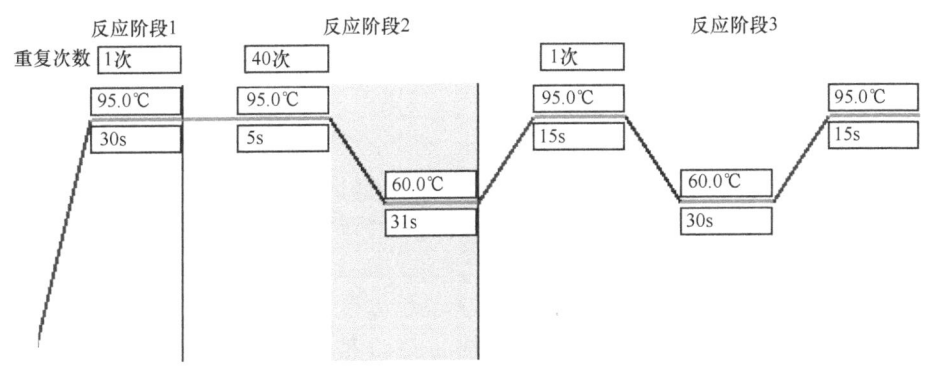

图 2-4　实时定量 PCR 参数

反应阶段 1 和 2 是正常的 PCR 过程，反应阶段 3 是为了获得熔解曲线

3. 实时定量 PCR 加样

实验设置 3 个不同的处理：处理 1（T1）、处理 2（T2）、处理 3（T3）。每处理设置 4 次生物重复（a、b、c、d），每个样品设置 3 个技术重复。样品在 PCR 仪上的位置如图 2-5 所示。

	1	2	3	4	5	6	7	8	9	10	11	12	
A	*T1a*	*T1a*	*T1a*	*T1b*	*T1b*	*T1b*	*T1c*	*T1c*	*T1c*	*T1d*	*T1d*	*T1d*	
B	*T2a*	*T2a*	*T2a*	*T2b*	*T2b*	*T2b*	*T2c*	*T2c*	*T2c*	*T2d*	*T2d*	*T2d*	目标基因
C	*T3a*	*T3a*	*T3a*	*T3b*	*T3b*	*T3b*	*T3c*	*T3c*	*T3c*	*T3d*	*T3d*	*T3d*	
D	*T1a*	*T1a*	*T1a*	*T1b*	*T1b*	*T1b*	*T1c*	*T1c*	*T1c*	*T1d*	*T1d*	*T1d*	
E	*T2a*	*T2a*	*T2a*	*T2b*	*T2b*	*T2b*	*T2c*	*T2c*	*T2c*	*T2d*	*T2d*	*T2d*	内标基因
F	*T3a*	*T3a*	*T3a*	*T3b*	*T3b*	*T3b*	*T3c*	*T3c*	*T3c*	*T3d*	*T3d*	*T3d*	
G													
H													

图 2-5　样品在 PCR 仪上的位置

按下列组分配制 PCR 液（反应液配制请在冰上进行）。考虑到吸取误差，配制的预混液体积至少要多于所有反应总体积的 10%。

试剂	使用量/μl	终浓度
SYBR Premix Ex Taq II（2×）	10.0	1×
上游引物（10μmol/L）	0.8	0.4μmol/L
下游引物（10μmol/L）	0.8	0.4μmol/L
ROX Reference Dye（50×）	0.4	1×
DNA 模板	2.0	—
去离子水	6.0	
总体积	20.0	—

4. 运行实时定量 PCR

加完样品后，在 96 孔 PCR 板上盖上一张光通透性封板膜（Axygen，Cat No. 38085202796），稍离心，然后放置于定量 PCR 仪中，运行已设置好的程序。

5. 数据分析

①程序运行结束后会主动给出每个样品的 Ct 值。

②先将 3 个技术重复取平均值，这样可以获得 16 个目的基因的 Ct 值（Ct_{1a}、Ct_{1b}、Ct_{1c}、Ct_{1d}、Ct_{2a}、Ct_{2b}、Ct_{2c}、Ct_{2d}、Ct_{3a}、Ct_{3b}、Ct_{3c}、Ct_{3d}、Ct_{4a}、Ct_{4b}、Ct_{4c}、Ct_{4d}）和 16 个对应的内标基因的 ^RCt 值（$^RCt_{1a}$、$^RCt_{1b}$、$^RCt_{1c}$、$^RCt_{1d}$、$^RCt_{2a}$、$^RCt_{2b}$、$^RCt_{2c}$、$^RCt_{2d}$、$^RCt_{3a}$、$^RCt_{3b}$、$^RCt_{3c}$、$^RCt_{3d}$、$^RCt_{4a}$、$^RCt_{4b}$、$^RCt_{4c}$、$^RCt_{4d}$）。

③获得每一个生物重复的 ΔCt 值。

处理	Ct（目的基因）	^RCt（内标基因）	ΔCt 值	平均
处理 1	Ct_{1a}	$^RCt_{1a}$	$Ct_{1a}-{}^RCt_{1a}$	ΔCt_1
	Ct_{1b}	$^RCt_{1b}$	$Ct_{1b}-{}^RCt_{1b}$	
	Ct_{1c}	$^RCt_{1c}$	$Ct_{1c}-{}^RCt_{1c}$	
	Ct_{1d}	$^RCt_{1d}$	$Ct_{1d}-{}^RCt_{1d}$	
处理 2	Ct_{2a}	$^RCt_{2a}$	$Ct_{2a}-{}^RCt_{2a}$	ΔCt_2
	Ct_{2b}	$^RCt_{2b}$	$Ct_{2b}-{}^RCt_{2b}$	
	Ct_{2c}	$^RCt_{2c}$	$Ct_{2c}-{}^RCt_{2c}$	
	Ct_{2d}	$^RCt_{2d}$	$Ct_{2d}-{}^RCt_{2d}$	
处理 3	Ct_{3a}	$^RCt_{3a}$	$Ct_{3a}-{}^RCt_{3a}$	ΔCt_3
	Ct_{3b}	$^RCt_{3b}$	$Ct_{3b}-{}^RCt_{3b}$	
	Ct_{3c}	$^RCt_{3c}$	$Ct_{3c}-{}^RCt_{3c}$	
	Ct_{3d}	$^RCt_{3d}$	$Ct_{3d}-{}^RCt_{3d}$	

④计算相对表达水平。根据以上 Ct，有两种方法来计算基因的相对表达水平。

1）选定某一处理（通常为对照）的表达水平作为参照，其他处理的表达水平均与之比较。这样，对照的表达水平为 1，其他处理的表达水平显示为 1 的倍数。

例如，选定处理 3 的平均值（ΔCt_3）为对照，处理 1、处理 2 和处理 3 的表达水平均表示为其倍数值。处理 1a 表达水平 R 的计算方法为：$\Delta\Delta Ct = (Ct_{1a} - {}^R Ct_{1a}) - \Delta Ct_3$，因此

$$R = 2^{-\Delta\Delta Ct} = 2^{-[(Ct_{1a} - {}^R Ct_{1a}) - \Delta Ct_3]}$$

2）所有处理或对照均同等看待，即不把其中的一个处理（或对照）的表达水平设为 1。所有的表达均显示为相对各自内标基因表达水平的倍数。处理 1a 表达水平 R 的计算方法为：$\Delta Ct = Ct_{1a} - {}^R Ct_{1a}$，因此

$$R = 2^{-(Ct_{1a} - {}^R Ct_{1a})}$$

注意：1）和 2）表述的结果本质上是一样的。在 2）中，处理 1a 表达水平 R（相对内标基因）

$$R_{1a} = 2^{-(Ct_{1a} - {}^R Ct_{1a})}$$

对照表达水平 R（相对内标基因）：$R_{ck} = 2^{-\Delta Ct_3}$

因此，处理 1a 相对于对照的表达水平为

$$R = R_1 / R_{ck} = 2^{-(Ct_{1a} - {}^R Ct_{1a})} - 2^{-\Delta Ct_3} = 2^{-[(Ct_{1a} - {}^R Ct_{1a}) - \Delta Ct_3]}$$

⑤统计分析。对于两个样本之间的比较，一般采用 t 检验。但更常用的是需要对所有样品进行两两之间的相互比较。这种情况下，通常借助 SPSS 软件进行 oneway ANOVA 分析（Systat, Inc., Evanston, IL）。在进行 ANOVA 分析之前，为保证方差齐次性，需要将表达水平进行对数变换（log-transformed）（Tomanek and Somero，1999）。

六、注意事项

①任何一对引物在进行定量 PCR 之前都要检测其熔解曲线，确保是特异性扩增。

②很多情况下（如采用 $2^{-\Delta\Delta Ct}$ 法进行定量 PCR）都要检测引物的扩增效率，其扩增效率尽可能接近 100%。

③标准品质粒最好分装成小份储存，以免多次冻融，影响扩增效率。

④最好设置 2~3 次技术重复，以消除仪器的读数误差。

⑤如果待检测的样品太多，无法在一个板上做完，则需要设置一个校准点，用于在不同板之间进行校正。

⑥加样时通常造成不同孔之间的误差。为避免或减少这一问题，通常需要将相同的组分尽可能先混合，然后再分装，以减少加样的次数。

七、实验报告

①简述整个实验流程。
②给出必要的数据图，包括扩增曲线、熔解曲线、标准直线。
③对定量 PCR 的结果进行分析、作图，并标注差异显著性。

八、思考题

①如何确定内标基因是否合适？
②采用 $2^{-\Delta\Delta Ct}$ 法时，目的基因和内标基因的扩增效率为什么必须一致？
③你能自己推导出 $2^{-\Delta\Delta Ct}$ 公式吗？
④如果某研究有多个处理，一块 96 孔板无法完成，剩余的样品需要在另外一块 96 孔板上进行。那么，如何消除两块板之间的系统误差？

参 考 文 献

Livak K J, Schmittgen T D. 2001. Analysis of relative gene expression data usingreal-time quantitative PCR and the 2(-Delta Delta C(T)) method. Methods, 25(4): 402-408

Tomanek L, Somero G N. 1999. Evolutionary and acclimation-induced variation inthe heat-shock responses of congeneric marine snails (genus *Tegula*) from different thermal habitats: implications for limits of thermotolerance and biogeography. Journal of Experimental Biology, 202(21): 2925-2936

实验 3　基因定点突变——overlap PCR

（谷　峻）

一、实验目的

①了解基因定点突变的基本原理。
②掌握基因定点突变的操作方法。

二、实验原理

基因定点突变时，需要把目的基因的一个或几个碱基换成其他碱基。为达到这一目的，可以通过 overlap PCR 来实现。overlap PCR 原理如图 3-1 所示，需要进行两轮 PCR。首先，在突变位点（m）处设计一个上游引物 F_m 和一个下游引物 R_m，它们分别与目标片段两侧的下游引物（R）和上游引物（F）组成引物对。突变位点位于突变引物 F_m 和 R_m 的中央位置，并且 F_m 和 R_m 位于突变区域的相同位置，序列反向互补。在第一轮 PCR 中，分别以 F_m 和 R、F 和 R_m 为引物对进行 PCR 扩增，获得 5′和 3′两个 PCR 片段。在第二轮 PCR 中，将 5′和 3′两个 PCR 片段同时作为模板，在突变位点区域两个片段由于碱基互补配对而连接起来，随后在 F 和 R 引物的作用下，可扩增出一个完整的包含 5′和 3′的突变产物。

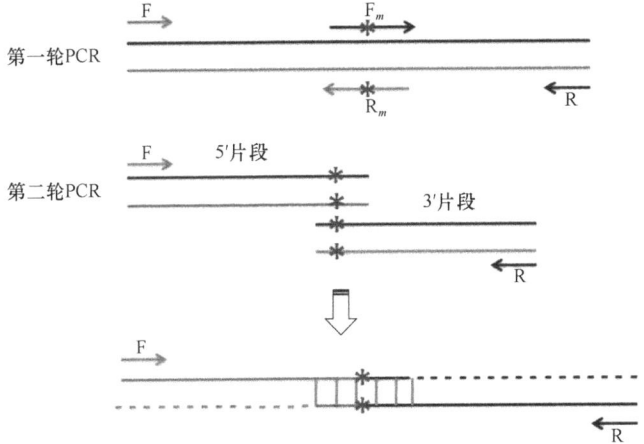

图 3-1　overlap PCR 原理（彩图请扫封底二维码）

三、实验内容

根据实验 2（基础篇），自己设计引物，在 λ 噬菌体质粒 DNA 中引入 1 个突变位点。

四、实验材料、试剂及所用仪器

1. 材料与试剂

①PCR 相关试剂。
②r*Taq* 酶。
③Pfu DNA 聚合酶。

2. 实验仪器

①PCR 仪。
②垂直电泳仪。
③离心机。
④凝胶成像仪。
⑤移液器。

五、操作步骤

①设计点突变引物（F、R、F_m 和 R_m），参照附录 3。
②第一轮 PCR 扩增：PCR 参数请参照实验 2（基础篇）进行。5'片段的引物：F 和 R_m；3'片段的引物：F_m 和 R。
③PCR 产物回收、纯化（可选做）。
④第二轮 PCR 扩增。

组分	体积/μl
去离子水	15.5
10×reaction buffer	2.5
5'PCR 产物	1.0
3'PCR 产物	1.0
dNTP（每种 dNTP 单一组分的浓度为 2.5mmol/L）	2.0
上游引物（F）	1.0
下游引物（R）	1.0
Pfu DNA 聚合酶	1.0
总体积	25.0

⑤取 5μl PCR 产物进行电泳检测。如果产物大小与预期相符，且无其他非特异性扩增条带出现，则可以直接进行 PCR 产物测序。否则，需要挖胶、回收，连接入 T 载体后再进行测序分析。

六、注意事项

①突变引物设计的特殊原则见附录3。
②第一轮 PCR 产物最好回收纯化，然后再用作第二轮 PCR 的模板。
③第一轮 PCR 时不能用普通的 *Taq* 酶，因为普通 *Taq* 酶会在 PCR 产物的末端添加一个 A 碱基，从而引物突变。所以，必须要用高保真的 *Taq* 酶，如 Pfu 酶来扩增，防止引进新的突变。
④第二轮 PCR 可以用普通的 *Taq* 酶，以方便随后的 TA 克隆。

七、实验报告

①简述基因定点突变的基本原理和操作步骤。
②根据第一轮和第二轮 PCR 产物的电泳谱图分析 PCR 扩增情况。
③结合测序结果，分析基因定点突变是否成功，并分析其中的原因。

实验 4　热不对称交错 PCR

（谷　峻）

一、实验目的

①了解 Tail PCR 实验原理。
②掌握 Tail PCR 技术流程，并能运用该技术扩增目的基因的旁侧序列。

二、实验原理

热不对称交错 PCR（thermal asymmetric interlaced PCR，Tail PCR）是一种用来分离与已知序列旁侧的未知 DNA 序列的分子生物学技术。其基本原理如图 4-1 所示。

首先在已知序列区域设计 3 个嵌套式的基因特异性引物（special primer，SP1，SP2，SP3）。在第一轮 PCR 中，以 SP1 和长随机简并引物（long arbitrary degenerate primer，LAD）为引物对进行 PCR 扩增，扩增产物作为第二轮 PCR 产物的模板。在第二轮 PCR 中，以 SP2 和随机简并引物（arbitrary degenerate primer，AD，结合于 LAD 区域）为引物对进行扩增，扩增产物作为第三轮 PCR 产物的模板。在第三轮 PCR 中，以 SP3 和 AD 为引物对再次进行扩增。这种反应会产生 3 种不同类型的产物：a. 由特异性引物和简并引物扩增出的产物；b. 由同一特异性引物扩增出的产物；c. 由同一简并引物扩增出的产物。通过第二轮或第三轮 PCR 扩增，特异性 PCR 产物会大量富集起来。随后，通过测序就可以获得靶基因旁侧的未知基因序列。

三、实验内容

克隆斜纹夜蛾（chitin binding protein，CBP，GenBank 登录号 HQ012005）启动子序列。

四、实验材料、试剂及所用仪器

1. 材料与试剂

①斜纹夜蛾幼虫。
②基因组 DNA 提取相关试剂（参见基础篇-实验 3）。

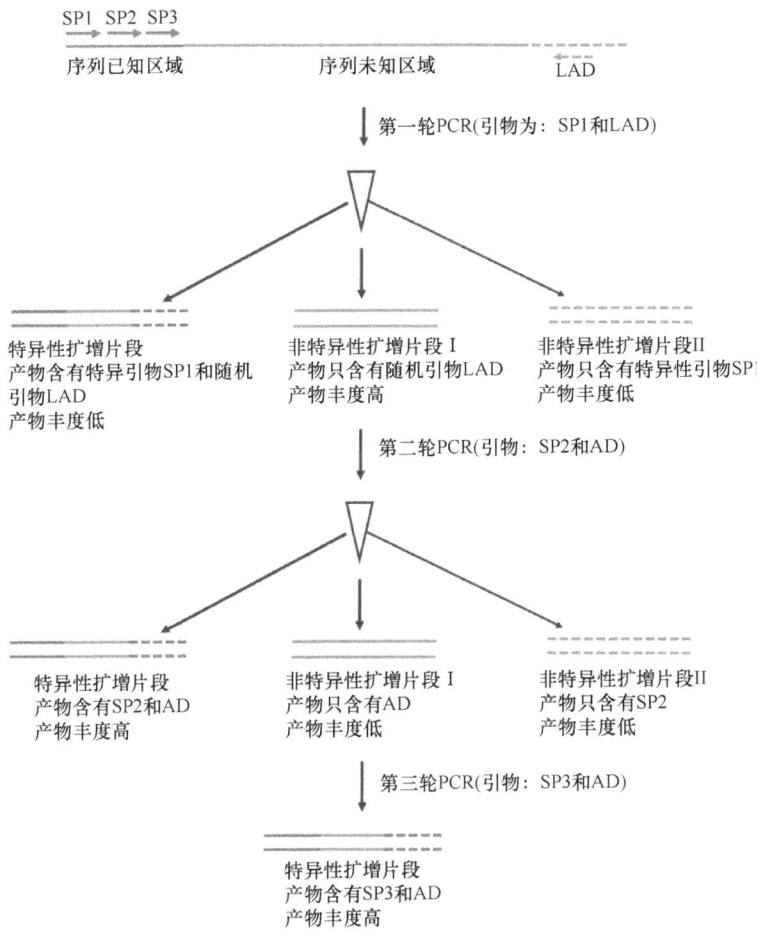

图 4-1　Tail PCR 示意图（参考 Passricha et al.，2016）（彩图请扫封底二维码）

③PCR 相关试剂（参见基础篇-实验 2）。
④EX-*Taq*（5U/μl，TaKaRa）。
⑤随机引物（6μmol/L）。
LAD1-1: 5′-ACGATGGACTCCAGAGCGGCCGC(G/C/A)N(G/C/A)NNNGGAA-3′
LAD1-2: 5′-ACGATGGACTCCAGAGCGGCCGC(G/C/T)N(G/C/T)NNNGGTT-3′
LAD1-3: 5′-ACGATGGACTCCAGAGCGGCCGC(G/C/A)(G/C/A)N(G/C/A)NNNCCAA-3′
LAD1-4: 5′-ACGATGGACTCCAGAGCGGCCGC(G/C/T)(G/A/T)N(G/C/T)NNNCGGT-3′
AD: 5′-ACGATGGACTCCAGAG-3′
⑥基因特异性嵌套引物（10μmol/L）。

SP1: 5'-CCAATAACAGAACGGAGCCCACCATA-3'
SP2: 5'-TAGGAGGGCAAGGCATGGTAACGG-3'
SP3: 5'-GTGGTCGCATTTTGGATGAGGCAGTA-3'

⑦电泳相关试剂（参见基础篇-实验4）。

2. 实验仪器

①PCR 仪。
②离心机。
③垂直电泳仪。
④电泳仪电源。
⑤凝胶成像仪。

五、操作步骤

①第一轮 PCR。

试剂组分	体积/μl
去离子水	16.3
10×PCR buffer	2.5
dNTP（2.5mmol/L 每种 dNTP 单一组分的浓度为 2.5mmol/L）	2.0
LAD1-1（10μmol/L）	1.0
LAD1-3（10μmol/L）	1.0
SP1（6μmol/L）	1.0
DNA（200～300ng）	1.0
EX-*Taq*	0.2
总体积	25.0

或者：

试剂组分	体积/μl
去离子水	16.3
10×PCR buffer	2.5
dNTP（2.5mmol/L 每种 dNTP 单一组分的浓度为 2.5mmol/L）	2.0
LAD1-2（10μmol/L）	1.0
LAD1-4（10μmol/L）	1.0
SP1（6μmol/L）	1.0
DNA（200～300ng）	1.0
EX-*Taq*	0.2
总体积	25.0

②第二轮PCR：将第一轮PCR产物稀释10倍，作为第二轮PCR的模板。

试剂组分	体积/μl
去离子水	17.3
10×PCR buffer	2.5
dNTP（2.5mmol/L 每种dNTP单一组分的浓度为2.5mmol/L）	2.0
AD（10μmol/L）	1.0
SP2（6μmol/L）	1.0
第一轮PCR产物（×10）	1.0
EX-*Taq*	0.2
总体积	25.0

③第三轮PCR：将第二轮PCR产物稀释10倍，作为第三轮PCR的模板。

试剂组分	体积/μl
去离子水	17.3
10×PCR buffer	2.5
dNTP（2.5mmol/L 每种dNTP单一组分的浓度为2.5mmol/L）	2.0
AD（10μmol/L）	1.0
SP3（6μmol/L）	1.0
第二轮PCR产物（×10）	1.0
EX-*Taq*	0.2
总体积	25.0

④反应条件。

	第一轮PCR			第二轮PCR			第三轮PCR	
步骤	温度	时间（min:s）	步骤	温度	时间（min:s）	步骤	温度	时间（min:s）
1	93℃	2:00	1	94℃	0:20	1	94℃	0:20
2	95℃	1:00	2	65℃	1:00	2	68℃	1:00
3	94℃	0:30	3	72℃	3:00	3	72℃	3:00
4	60℃	1:00	4	返回步骤1	重复1次	4	94℃	0:20
5	72℃	3:00	5	94℃	0:20	5	68℃	1:00
6	返回步骤3	重复10次	6	68℃	1:00	6	72℃	3:00
7	94℃	0:30	7	72℃	3:00	7	94℃	0:20
8	25℃	2:00	8	94℃	0.20	8	50℃	1:00
9	升温到72℃	0.5℃/s	9	68℃	1:00	9	72℃	3:00
10	72℃	3:00	10	72℃	3:00	10	返回步骤1	重复6~7
11	94℃	0:20	11	94℃	0:20	11	72℃	5:00

续表

	第一轮 PCR			第二轮 PCR			第三轮 PCR	
步骤	温度	时间（min:s）	步骤	温度	时间（min:s）	步骤	温度	时间（min:s）
12	58℃	1:00	12	50℃	1:00	12	结束	
13	72℃	3:00	13	72℃	3:00			
14	返回步骤11	重复25次	14	返回步骤5	重复13次			
15	72℃	5:00	15	72℃	5:00			
16	结束		16	结束				

⑤电泳检测：分别取第一、第二、第三轮 PCR 产物（5μl）上样电泳。
⑥PCR 产物之间测序或将 PCR 产物连接入 T 载体后进行测序。

六、注意事项

①如果要克隆启动子序列，设计引物前要明确该基因的基因结构，避免设计的引物跨内含子区域。

②可以多设计 1~2 个特异性嵌套引物，这样可以与随机引物组成更多的引物对，有助于更好地扩增出 PCR 产物。

七、实验报告

①简述实验原理及流程。
②分析三轮 PCR 电泳结果。
③根据测序结果，分析实验成败的原因，并给出改进建议。

参 考 文 献

Liu Y G, Chen Y. 2007. High-efficiency thermal asymmetric interlaced PCR for amplification of unknown flanking sequences. Biotechniques, 43(5): 649-656
Liu Y G, Whittier R F. 1995. Thermal asymmetric interlaced PCR: automatable amplification and sequencing of insert end fragments from P1 and YAC clones for chromosome walking. Genomics, 25(3): 674-681
Passricha N, Saifi S, Khatodia S, et al. 2016. Assessing zygosity in progeny of transgenic plants: current methods and perspectives. Journal of Biological Methods, 3(3): e46

实验 5　蛋白质原核表达

（张晓娟、黄立华）

一、实验目的

①了解蛋白质原核表达系统。
②掌握蛋白质原核表达的原理及实验过程。
③了解蛋白质诱导的优化条件。

二、实验原理

将克隆化基因插入合适载体后，导入大肠杆菌用于表达大量蛋白质的方法一般称为原核表达。在重组基因转入大肠杆菌菌株以后，通过温度控制或者药物（如IPTG）的诱导，外源基因可以在宿主菌内表达相应的目标蛋白。这种方法在蛋白质纯化、定位及功能分析等方面都有应用。

原核表达系统的优点：①易于生长和控制；②细菌培养的材料不及哺乳动物细胞系统的材料昂贵；③有各种各样的大肠杆菌菌株及与之匹配的具各种特性的质粒可供选择；④操作方便、快捷，需时较短，表达量大，适合工业化生产。

原核表达系统的缺点：①由于缺乏转录后加工机制，只能表达克隆的 cDNA，不宜表达真核基因组 DNA；②由于缺乏适当的翻译后加工机制，表达的真核蛋白质不能形成适当的折叠或进行糖基化修饰；③表达的蛋白质常常形成不溶性的包涵体，欲使其具有活性尚需进行复杂的复性处理；④难表达大量的可溶性蛋白。

三、实验内容

原核表达斜纹夜蛾 USP1 蛋白。

四、实验材料、试剂及所用仪器

1. 材料与试剂

①大肠杆菌 *E. coli* DH5α 菌株。

②液体 LB 培养基。
③抗生素溶液。
④1mol/L IPTG 贮备液。
⑤磷酸缓冲液 PBS。
⑥上游引物:5′-GAATTCATGTCAGTGGCGAAGAAAGA-3′(5′端添加了 *EcoR* I 酶切位点); 下游引物: 5′-AAGCTTTATGGTTACATGACGTTGGC-3′(5′端添加了 *Hin*d Ⅲ酶切位点)。PCR 产物大小：1410bp。

2. 实验仪器

①恒温摇床。
②分光光度计。
③超净工作台。
④垂直电泳仪。
⑤电泳仪电源。
⑥脱色摇床。

五、操作步骤

①构建原核蛋白表达载体。
1）应用 DNAMAN 等生物信息学软件对目的基因进行酶切图谱分析，找出不能切割该目的基因的限制性内切酶。
2）选择蛋白质表达载体（如 pET32a）和相应的宿主菌株（DH5α）。注意不要造成移码突变。可以通过引物设计时，增减上游引物的碱基数来调节可读框。
3）根据上述分析，选择合适的酶切位点（载体 MCS 上有，但在目的基因上没有的酶切位点）。
4）将酶切位点加在目的基因（如斜纹夜蛾 USP1）上下游引物的 5′端。
5）酶切、连接，构建蛋白质表达载体，并测序验证，确保可读框正确。
②菌液活化。
在玻璃试管中加入 5ml LB 液体培养基，将所筛选出重组子的阳性单克隆菌液取 10μl 接种到上述培养基中，置于 37℃摇床中，220r/min，过夜活化。
③扩大培养。
按照 1∶100，将活化好的菌液接种到 100ml LB（含 Amp$^+$或 Kan$^+$）液体培养基中，置于 37℃摇床中，220r/min 培养 1.5～2h，其间每隔一段时间取少量菌液用分光光度计测定其菌液浓度，至其 OD$_{600}$ 值在 0.4～0.6。
④取出 1ml 于 1.5ml 离心管中，作为对照未诱导的菌液。

⑤IPTG 诱导：待菌液浓度达到预定浓度后，按照 1ml 菌液+1µl 1mol/L IPTG 的原则，加入适量的 IPTG（如加至终浓度 1mmol/L），和对照菌液一起置于 37℃ 摇床中，220r/min 继续培养 4h。

⑥取出对照及 IPTG 诱导菌液，常温 12 000r/min 离心 1min，收集菌体。

⑦弃掉培养液，用吸水纸将剩余的培养液吸干。用 100µl PBS 重悬菌体制成蛋白质样品。

⑧吸取 10µl 蛋白质样品，加入 10µl 2×loading buffer，混匀，于 95℃水浴加热 10min，12 000r/min 离心 2min。

⑨取 20µl 上样，利用 SDS-PAGE 检测蛋白质的诱导表达情况。

六、注意事项

①选用原核表达载体需要注意：a. 选择合适的启动子及相应的受体菌；b. 表达真核蛋白质时注意可读框错位；c. 根据表达蛋白或融合蛋白来选择相应的表达载体。

②构建蛋白质表达载体时，一定要注意检查是否造成了移码突变。

③检查蛋白质是否表达时，可以将未加 IPTG 诱导的菌液作为阴性对照，这将有利于鉴定融合蛋白是否表达。

七、实验报告

①简述实验原理及流程。
②用图表的形式展示实验结果并分析成败的原因。
③讨论蛋白质原核表达有哪些条件可以优化。

八、思考题

①如何优化条件获得较多的重组蛋白？
②IPTG 发挥作用的原理是什么？
③如何改变诱导条件获得较纯的目标蛋白？

九、拓展环节

蛋白酵母表达系统

真核基因在使用原核表达系统进行蛋白质表达时，经常会遇到一些问题，如表达的为包涵体，不易于进行下一步实验操作。更主要的是，原核系统表达的蛋白质通常没有生物学功能。要表达具有生物学功能的蛋白质，毕赤酵母表达系统是一个很好的选择。毕赤酵母表达系统是目前最为成功的外源蛋白表达系统之一，与其他表达系统相比，毕赤酵母表达系统具有以下优势。

①含有特有的强有力的 *AOX*（醇氧化酶基因）启动子，用甲醇可严格地调控外源基因的表达。

②表达水平高，既可在胞内表达，又可分泌型表达。毕赤酵母表达系统中，报道的最高表达量为破伤风毒素 C（12g/L），一般大于 1g/L。绝大多数外源基因比在细菌、酿酒酵母、动物细胞中表达水平高。一般毕赤酵母中外源基因都带有指导分泌的信号肽序列，使表达的外源目标蛋白分泌到发酵液中，有利于分离纯化。

③发酵工艺成熟，易放大。已经有大规模工业化高密度生产的发酵工艺，且细胞干重达 100g/L 以上，表达重组蛋白时已成功放大到 10 000L。

④培养成本低，产物易分离。毕赤酵母所用发酵培养基十分廉价，一般碳源为甘油或葡萄糖及甲醇，其余为无机盐，培养基中不含蛋白质，有利于下游产品分离纯化；而酿酒酵母所用诱导物一般为价格较高的半乳糖。

⑤外源蛋白基因遗传稳定。一般外源蛋白基因整合到毕赤酵母染色体上，随染色体复制而复制，不易丢失。

⑥作为真核表达系统，毕赤酵母具有真核生物的亚细胞结构，具有糖基化、脂肪酰化、蛋白质磷酸化等翻译后修饰加工功能。

实验 6　蛋白质印迹

（邓惠敏）

一、实验目的

①检测材料中某种特异性表达的蛋白质和蛋白质的表达水平。
②掌握蛋白质印迹鉴定目标蛋白的原理和蛋白质印迹的实验技术。
③了解抗原抗体结合反应的影响因素。

二、实验原理

蛋白质印迹（Western blotting）是将经过 PAGE 分离后的蛋白质样品，转移到固相载体（如硝酸纤维素薄膜或尼龙膜）上，固相载体以非共价键形式吸附蛋白质，且能保持电泳分离的多肽类型及其生物学活性不变，然后以特定的亲和反应、免疫反应或结合反应及显色系统分析此印迹。实验中通常以固相载体上的蛋白质或多肽作为抗原，使之与对应的抗体（第一抗体）起免疫反应，第一抗体再与经过酶或同位素标记的第二抗体起反应，经过底物显色后，检测电泳分离的特异性目的基因表达的蛋白质成分，或检测材料中特异性目标蛋白的相对含量。

三、实验内容

自选一种实验材料（如体外重组蛋白或者植物、动物总蛋白），检测该材料中是否存在目标蛋白。

四、实验材料、试剂及所用仪器

1. 材料与试剂

①体外重组表达的目标蛋白。也可以选择其他材料，如待检测的可能含有某种蛋白质的未知样品、从植物组织中提取的蛋白质样品、从动物组织中提取的蛋白质样品等。

②SDS-PAGE：Tris-HCl（1mol/L，pH 6.8）、Tris-HCl（1.5mol/L，pH 8.8）、

30%（m/V）丙烯酰胺溶液、SDS-PAGE 缓冲液、10%（m/V）SDS、10%（m/V）过硫酸铵溶液、TEMED（N,N,N',N'-四甲基乙二胺）、蛋白质电泳上样缓冲液、蛋白质预染 marker 等。

③转膜、免疫检测：转移缓冲液（192mmol/L 甘氨酸，25mmol/L Tris 碱，0.1% SDS，20%甲醇）、TBS（20mmol/L Tris-HCl，150mmol/L NaCl，pH 8.0）、TBST（含 0.05% 吐温 20 的 TBS）、封闭液［3%牛血清白蛋白（Bovine serum albumin，BSA）溶于 TBST]、抗体稀释液（1% BSA 溶于 TBST）等。

④酶联抗体与生色底物反应：EDTA（0.5mol/L，pH 8.0）、碱性磷酸酶（AP）缓冲液（100mmol/L NaCl，5mmol/L $MgCl_2$，100mmol/L Tris-HCl，pH 9.5）、酶联抗体生色底物碱性磷酸酶（BCIP/NBT）等，本实验拟用 AP 标记的第二抗体进行免疫反应。

2. 实验仪器

①水浴锅。
②离心机。
③蛋白质电泳仪。
④转膜电泳仪。
⑤摇床等。

五、操作步骤

1. SDS-PAGE

①取适量待检测的蛋白质样品，按比例加入蛋白质上样缓冲液，沸水浴 5min。
②12 000r/min 离心 1min，将处理后的蛋白质样品和预染 marker 分别点样于点样孔中。
③进行 SDS-PAGE 至观察到蓝色蛋白质上样缓冲液刚好跑出蛋白胶时，停止电泳。

2. 转膜

电泳即将结束时，用蒸馏水淋洗转膜槽电极（戴上手套），切 4 张滤纸和 1 张硝酸纤维素膜（转 1 张膜），一般固定在 5～6cm 高、8.4cm 宽，其大小应与凝胶大小完全吻合。

如果是聚偏二氟乙烯（polyvinylidene fluoride，PVDF）膜，需将膜漂浮于甲醇液面上，借毛细作用使之从下往上湿润后，将之浸没于甲醇中，浸泡 5min 以上以驱除膜上的气泡。

①将滤纸、海绵、硝酸纤维素膜浸泡于配制好的转移缓冲液中 30min 以上，

将转膜电泳槽中的冷冻盒装满水置于-20℃冰箱中冷冻结冰。

②戴上手套按如下方法安装转移装置（图6-1）。

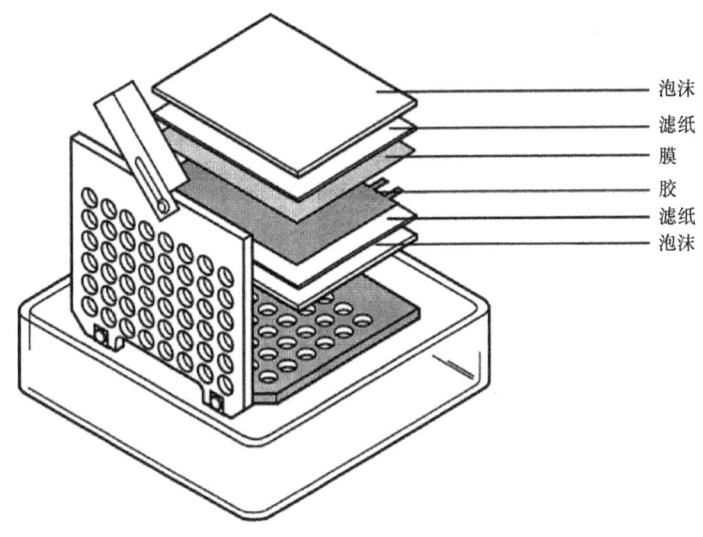

图6-1 转移装置安装示意图

1）拿出转膜盒子，平放黑色板（将为阳极），透明板一边朝上，放一张海绵垫。

2）再在这海绵垫上依次放置2张用转移缓冲液浸泡过的滤纸，精确对齐，然后用一玻璃棒作滚筒以挤出所有气泡。

3）从蛋白质电泳槽上取出放置 SDS-PAGE 的玻璃板，把凝胶转移到一盘去离子水中略微漂洗一下，然后在转移缓冲液浸泡10min。将凝胶准确平放于滤纸上，不能产生气泡；把膜准确放置于凝胶上，戴手套排除所有气泡。

4）依次把2张滤纸放在膜上方，同样须确保各层精确对齐且不留气泡。

5）加放一张海绵垫，夹好转膜盒子，注意一个转膜电泳仪可以同时转两张膜。

③如图 6-2 安装电泳装置，接通电流，100V（约 350mA）在冰上电转移1h。

④转移完成后，断开电源并拔下槽上插头，从上到下拆卸转移装置，逐一掀去各层。观察预染 marker 是否完全转移至膜上，以检测蛋白质转移是否完全。

⑤取出膜置于一个干净的孵育盒上，使有蛋白质的一面朝上。

⑥切去膜的左下角，用于标记膜的正反面。

⑦根据滤膜面积，以不小于 0.2ml/cm^2 的量加入封闭液，尽可能排除气泡，平放在平缓摇动的摇床平台上，于37℃温育2h，也可4℃过夜后再37℃温育1h。

3. 免疫检测

①去封闭液,按每平方厘米0.2~0.3ml的量加入适量的第一抗体反应液(第一抗体溶于1% BSA-TBST 抗体稀释液,可重复使用)。

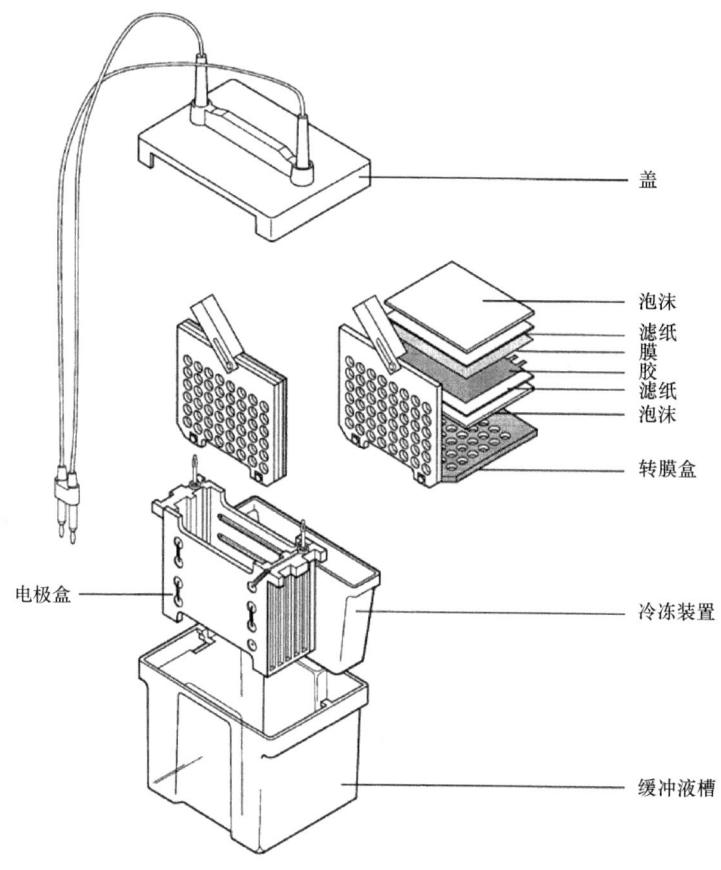

图 6-2 转移电泳装置安装示意图

②尽可能排除藏匿气泡后,将培养皿平放在平缓摇动的摇床上30℃温育1h。

③去除第一抗体反应液,用 TBST 漂洗滤膜3次以去除未结合抗体,每次10min。

④按膜面积加入 0.1ml/cm² 第二抗体反应液(含 anti-IgG AP conjugate 的 1% BSA-TBST),平放摇床上30℃摇动温育1h(第二抗体反应液4℃可保存半年,重复使用一次)。

⑤用 TBST 漂洗滤膜4次以去除未结合抗体,每次5min。

⑥用 TBS 漂洗滤膜3次以去除滤膜表面的吐温20,每次8min。

4. 酶联抗体与生色底物反应

①把经洗涤的滤膜转移至适当的培养皿中,按滤膜面积加入 $0.1ml/cm^2$ 的生色底物混合物（10ml 碱性磷酸酶缓冲液,66μl NBT 溶液,33μl BCIP 溶液）,于室温平缓摇动进行显色反应。

②细心观察反应过程,待蛋白质带的颜色达到要求（1~20min）,则把滤膜转移到另一培养皿中,内装有 200μl EDTA（0.5mol/L,pH 8.0）和 50ml PBS,放置 1~2min,取出在滤纸上室温下干燥。

③待膜自然干燥后拍摄照片（或电脑扫描）留作永久实验记录。

六、注意事项

①注意抗体用量。首先采用 10 倍稀释法,将抗体原液稀释不同梯度,用于检测杂交信号的强度。抗体用量太多,容易出现显色过快,造成非特异性;抗体用量太少,则无杂交信号出现。

②注意显色时间。显色时间过长,非特异性信号明显增多;显色时间过短,则杂交信号偏弱。可以考虑使用正负对照作参考,以控制合适的显色时间。

③抗体最好分装成若干小份,-80℃保存,每次使用一份,以避免抗体降解。

④杂交无信号时,首先考虑蛋白质是否完全转移到膜上。最好的办法是,在电泳过程中加入一个预染的 marker。

七、实验报告

①简述整个实验流程。
②以图的形式展示本次实验的结果。
③分析实验成败的可能原因,并给出未来的改进意见。
④讨论影响实验抗原与抗体结合的关键因素有哪些。

八、思考题

①电泳结束后是否需要直接、及时转膜？其原因是什么？
②转膜完成后,为何需要切除膜的其中一个角进行标记,如若不进行标记又会出现什么问题？
③在组装转膜盒时,为何要将各层之间的气泡赶干净,这样操作的意义在哪里？
④Western blotting 结果中背景较高,可能由哪些原因造成？如何改进？

实验 7　凝胶迁移实验

（邓惠敏）

一、实验目的

掌握凝胶迁移实验的基本原理和操作步骤。

二、实验原理

凝胶迁移实验，又称凝胶阻滞实验或电泳迁移率实验（electrophoretic mobility shift assay，EMSA），广泛用于检测蛋白质和 DNA 序列是否相互结合，最初用于研究转录因子和其相关的 DNA 结合序列相互作用，可用于检测结合的定性和定量分析。实验中将纯化的蛋白质或细胞粗提液和经过标记（同位素标记或生物素标记等）的 DNA 探针一同保温，使蛋白质与 DNA 结合，在非变性的聚丙烯凝胶电泳上，分离出结合的复合物和非结合的探针，根据不同大小的物质在凝胶上的迁移速率不一致（DNA-复合物比非结合的探针移动得慢）来区分，标记后的探针可经过显色或曝光的方式被观察到。可采用多种竞争实验和抗体特异性免疫实验反复验证蛋白质与特异的 DNA 序列是否结合，在竞争的特异、非特异片段或特异性抗体的存在下，依据复合物的特点和强度来确定特异结合。

三、实验内容

从动物（或昆虫）细胞中提取细胞核蛋白，并用已有的生物素标记的 DNA 探针进行凝胶迁移实验。

四、实验材料、试剂及所用仪器

1. 材料与试剂

①生物素标记的 DNA 探针。
②从细胞中提取的细胞核蛋白质。
③Light Shift Chemiluminescent EMSA Kit。

④0.5×TBE。
⑤5×TBE。
⑥40%（m/V）丙烯酰胺。
⑦50%（V/V）甘油。
⑧TEMED（N,N,N',N'-四甲基乙二胺）。
⑨RNase-free 水。
⑩10%（m/V）过硫酸铵。
⑪DEPC 水。

2. 实验仪器

①电泳仪。
②转膜装置。
③摇床。
④紫外交联仪。
⑤水浴锅等。

五、操作步骤

1. 探针准备

将保存于–20℃的探针粉末取出置于冰上，10 000g 离心 1min，加入 RNase-free 水稀释。

2. 预电泳

①配制 6%非变性聚丙烯酰胺凝胶：5×TBE 1ml，40%丙烯酰胺 1.65ml，50%甘油 0.5ml，TEMED 10μl，DEPC 水 6.78ml，混合，脱气 10min，加入 10%过硫酸铵 60μl，总体积 10ml。

②将配好的凝胶放回电泳槽，加 0.5×TBE 电泳缓冲液，100V、13～15mA 预电泳，30～60min。

3. 核蛋白与 DNA 结合反应

①冰上解冻 EBNA Control System components 和 Test System samples，使用时在室温解冻 EBNA Extract。

②根据表 7-1，在微量离心管中配制反应体系，室温孵育 20min。

③作为验证该结合体系是否有效，根据该试剂盒提供的 Test System samples 配制反应体系：Ultrapure Water 9μl，10×binding buffer 2μl，50% Glycerol 1μl，100mmol/L MgCl$_2$ 1μl，1μg/μl poly（dI·dC）1μl，1% NP-40 1μl，Unlabeled EBNA

DNA 2μl，EBNA Extract 1μl，Biotin-EBNA Control DNA 2μl，轻轻混匀后室温孵育 20min。

表 7-1　核蛋白与 RNA 结合反应体系

成分	终浓度	反应						
		#2*	#3	#4	#5	#6	#7	#8
		—	5L1D	5L6D	W0	PP	P0	P3
RNase-free 水	—	10μl	8.5μl	8.5μl	8.6μl	8.2μl	8.7μl	8μl
10×binding buffer	1×	2μl	2μl	2μl	2μl	2μl	2μl	2μl
1μg/μl poly（dI·dC）	50ng/μl	1μl	1μl	1μl	1μl	1μl	1μl	1μl
50% Glycerol	2.5%	1μl	1μl	1μl	1μl	1μl	1μl	1μl
1% NP-40	0.05%	1μl	1μl	1μl	1μl	1μl	1μl	1μl
1mol/L KCl	50mmol/L	1μl	1μl	1μl	1μl	1μl	1μl	1μl
100mmol/L $MgCl_2$	5mmol/L	1μl	1μl	1μl	1μl	1μl	1μl	1μl
200mmol/L EDTA	10mmol/L	1μl	1μl	1μl	1μl	1μl	1μl	1μl
提取的细胞核蛋白质	2μg	—	1.5μl	1.5μl	1.4μl	1.8μl	1.3μl	2μl
生物素标记的 DNA 探针	20f[①]mol	2μl	2μl	2μl	2μl	2μl	2μl	2μl
总体积	—	20μl	20μl	20μl	20μl	20μl	20μl	20μl

*表示泳道，余同

④反应结束后，每个反应体系加入 5μl 5×loading buffer 终止反应，充分摇匀，注意不要涡旋或剧烈混匀。

4. 电泳、转膜和紫外交联

①切断电泳槽电源并冲洗胶孔，加各样品 20μl 到胶孔中，打开电流（设定为 100V 为 8cm×8cm×0.1cm 凝胶），样品中溴酚蓝染料迁移电泳到凝胶长度 2/3～3/4 处停止电泳。

②用 0.5×TBE 浸泡尼龙膜至少 10min，按照"（底）海绵+滤纸 2 层+凝胶+尼龙膜+滤纸 2 层+海绵"组装好转膜装置，每层需准确对齐且赶走叠加时所产生的所有气泡。夹紧后放在一个干净的电泳转移槽中，加 0.5×TBE 电泳缓冲液至没过海绵，380mA 转膜 45～60min。

③转膜完成后，将膜的溴酚蓝一侧（与凝胶相贴一面，即正面）朝上放置于干纸巾上。（在凝胶中不应有任何残留的染料）不要让膜干燥，立即进行紫外交联。超净工作台紫外灯下 10cm 左右照射 10min。

5. 洗膜、发光和压片

①将 blocking buffer 和 4×washing buffer 于 50℃水浴至所有颗粒溶解。blocking

---

① $1f=10^{-15}$。

buffer 和 4×washing buffer 可以在室温和 50℃之间使用，保持所有的颗粒溶解在溶液中。substrate equilibration buffer 可在 4℃和室温之间使用。

②封闭膜：尼龙膜正面朝上（以下操作均保持膜正面朝上）于培养皿中，加 blocking buffer 至覆盖膜为止，约 20ml，并在摇床中 45r/min 孵育 15min。

③准备 conjugate/blocking solution：15ml blocking buffer 中加入 50µl stabilized streptavidin-horseradish peroxidase conjugate（1∶300 稀释）。

④倒出膜中的 blocking buffer，加入 conjugate/blocking solution。45r/min 孵育 15min；同时，准备 1×washing solution：40ml 4×washing buffer +120ml 超纯水。

⑤膜转移到一个新培养皿，加入没过膜的 1×washing solution（约 20ml）洗膜，45r/min 轻轻摇动 5min，共洗膜 4 次。

⑥膜转移到一个新培养皿，并加入没过膜的 substrate equilibration buffer（约 30ml），45r/min 孵育 5min；准备 substrate working solution：3ml luminol/enhancer solution + 3ml stable peroxide solution（暴露在阳光下或任何强光都会破坏 working solution，应保存在棕色瓶并避免长时间暴露在强光下；短期暴露于通常的实验室灯光不会破坏溶液）。

⑦将膜从 substrate equilibration buffer 中取出，用纸巾小心地吸去膜边缘的缓冲液；将膜放在一个干净的保鲜膜上；将 substrate working solution 倒至膜上，完全覆盖表面，避光、静置孵育 5min。

⑧从 working solution 中取出膜，将膜的一侧放至纸巾上吸 2~5s，以除去多余的缓冲液。用保鲜膜包裹湿润的膜，避免产生气泡和皱纹。

⑨膜放置在暗盒中 2~5min，移至暗房，将 3 张 X 射线胶片重叠覆盖于膜上曝光 10~30s（可根据后面结果调整曝光时间），胶片于显影液 90s，清水冲洗，定影液 90s，再用清水洗净胶片，根据胶片结果是否清晰，选择是否重新压片。

⑩选择压好的较为清晰的片子进行扫描，保存实验结果。

六、实验报告

①简述整个实验流程。
②以图片形式展示本次试验结果，并进行适当的分析。
③讨论本次实验结果的成败原因，并提出下一次的改进意见。

七、思考题

①在本实验中，如果想要进行竞争实验进一步验证，如何设置竞争实验呢？
②如果在实验泳道中加入特异性的抗体进行孵育，在哪一步加入抗体？该泳道条带会发生什么样的变化？其迁移速率与正常实验组相比是加快还是减慢？

③如果在每一条泳道都出现了一条位置一致的条带，说明什么问题？

④如果在每一个加了细胞核蛋白质的点样孔处都出现了一条一样的条带，说明什么问题？如何改进？

实验 8　多克隆抗体制备

（邓惠敏）

一、实验目的

①熟悉多克隆抗体制备的原理和过程。
②掌握制备抗原、动物免疫及多克隆抗体收集、保存的方法。

二、实验原理

制备多克隆抗体的过程实际上是用包含了特异性抗原和其他多种抗原的抗原决定簇免疫动物体后，抗体生成细胞会不同程度地与抗原结合，抗原会刺激动物体多个细胞克隆，产生针对特异性抗原和其他多种抗原的不同抗体，获得的动物免疫血清实际上是包含了多种不同抗体的混合物，为多克隆抗体。

三、实验内容

用原核表达的纯化蛋白来制备相应的兔源多克隆抗体。

四、实验材料、试剂及所用仪器

1. 实验材料与试剂

①成年雄兔，也可以选择其他动物如小鼠、羊等。
②用于免疫的抗原。
③生理盐水（或 PBS）。
④弗氏完全佐剂（Freund's complete adjuvant，FCA）。
⑤弗氏不完全佐剂（Freund's incomplete adjuvant，FIA）。
⑥Ni-NTA His-Band Resin（Novagen）。

2. 实验仪器

①镊子。
②注射器（1ml、10ml、25ml）附针头。

③75%乙醇。
④酒精棉。
⑤4℃冷冻离心机。
⑥冰箱（4℃、–80℃）等。

五、操作步骤

①制备用于免疫的抗原，免疫用的抗原应先纯化。纯化的方式多种，一般可以采用 SDS-PAGE 后，切胶回收，用蒸馏水清洗一遍，转移到研钵液氮研磨，或用 His-Tag、GST-Tag 等试剂盒纯化蛋白质方法纯化抗原。

②在抗原免疫前，需要收集一些免疫前血清，以备检测抗体时作为阴性对照。待兔子在新环境中稳定后（大概需要 4 天时间），兔子采血前需禁食 24h，然后进行耳缘动脉取血。取血量 3～5ml，取出的血液于 37℃放置 2h 后，转移到 4℃冰箱沉淀过夜，第二天早上离心，10 000g 离心 10min。取上清分别装到 1.5ml 离心管中，置于–80℃冰箱保存备用。

③纯化后的抗原经 FCA 或 FIA 充分乳化后方能注射，首次免疫用 FCA 进行乳化，其他的免疫都采用 FIA 进行乳化。将抗原液与佐剂以 1∶1 混合后，置于混合器上使之剧烈振荡，使抗原充分乳化，乳化过程比较费时，判断乳化是否充分的标准为 1000r/min 离心 1min，如水相和油相不分层即可进行免疫反应。

④免疫方法可采用腹部、四肢腋下等多点皮下注射法。每点注 0.1ml，间隔 10～14 天后再于上述部位选不同点进行第二次免疫，每次免疫的抗原量为 0.5～1.0mg。

⑤第二次注射抗原一周后，可以在耳缘动脉取血，用 Western blotting 检测抗体效果。

⑥10～14 天后进行第三次免疫，在三次免疫后，可以获得较高效价的抗体，每次取血量为 10～20ml，最后一次取血可以采用颈动脉放血的方式。

⑦将获得的血液于 37℃放置 2h，转移到 4℃冰箱沉淀过夜，第二天早上离心，10 000g 离心 10min。取上清分别装到 1.5ml 离心管中后置–80℃冰箱保存备用。

⑧用 Western blotting 检测抗体效价，选择适当的稀释倍数进行后续的实验。

六、实验报告

①简述整个实验流程。
②记录实验过程中的步骤，并思考有何改进方法。
③讨论制备高效价抗体的关键步骤。

七、思考题

①在本实验中，我们采用 Western blotting 检测抗体效价，还有其他可以用于检测抗体效价的实验方法吗？思考其他用于检测抗体效价的实验方法原理。

②在实验中不同的免疫次数选用不同的佐剂，佐剂选择有哪些决定性因素？请对比完全佐剂与不完全佐剂之间在成分和应用上有什么差异？

③如果在进行第三次免疫后，发现抗体效价比较低，特异性不强，出现这样结果的原因是什么？如何进行改进？

实验 9　植物转基因操作

（赖建彬）

一、实验目的

①了解植物转基因技术的基本原理和方法。
②掌握农杆菌介导的花滴染法转化拟南芥的技术和方法。

二、实验原理

植物转基因技术是指将外源的 DNA 整合到受体植物基因组中，获得外源基因稳定遗传和表达的植株。常用的植物转基因方法有农杆菌介导法和基因枪法等，其中农杆菌介导法因其简便和高效性被广泛使用。根癌农杆菌是一种普遍存在于土壤中的革兰氏阴性细菌，含有 Ti 质粒，Ti 质粒上具有 T-DNA 序列。在农杆菌编码的蛋白质及植物伤口所产生的酚类和糖类物质共同作用下，农杆菌识别并附着在植物宿主细胞壁上，通过其分泌系统将 T-DNA 运送到宿主细胞内，最后进入细胞核，整合到宿主基因组中。因此，如果将外源基因构建到 T-DNA 中，就可能利用 Ti 质粒的功能，通过农杆菌将其转化到宿主植物中产生转基因植物。

目前，包括水稻在内的很多植物都可以通过农杆菌介导法获得转基因个体，但由于很多作物的生长周期较长，不利于实验技术的训练，本实验以模式植物拟南芥作为材料，学习农杆菌介导的植物转基因的基本方法。拟南芥由于其个体较小、种子量大、自花授粉、基因组小和生长快速等特点，成为植物分子遗传学的模式材料。通过农杆菌对拟南芥的花进行浸泡或滴染，可在后代个体中获得具有外源基因的植株。这种高效简便的操作可获得大量的转基因植物，其中花滴染法因其更为经济和简单，受到广泛使用。

三、实验内容

采用农杆菌介导法构建转基因拟南芥。

四、实验材料、试剂及所用仪器

1. 材料与试剂

①农杆菌 EHA105 菌株感受态细胞。
②双元表达载体 pCambia1300。
③拟南芥。
④LB 培养基。
⑤Kan（卡那霉素）。
⑥Rif（利福平）。
⑦Hyg（潮霉素）。
⑧MS 培养基。
⑨转化缓冲液（10ml）：MS 大量元素 A 储存液（250μl）；MS 大量元素 B 储存液（250μl）；蔗糖（0.5g）；表面活性剂 silwet L-77（1μl）；ddH$_2$O（9.5ml）。

注意：MS 大量元素 A 浓缩储存液：33mg/ml NH$_4$NO$_3$，38mg/ml KNO$_3$，7.4mg/ml MgSO$_4$·7H$_2$O，3.4mg/ml KH$_2$PO$_4$。MS 大量元素 B 浓缩储存液：8.8mg/ml CaCl$_2$·2H$_2$O。表面活性剂的种类和浓度可以根据实验适当调整。

⑩75%乙醇。
⑪1%次氯酸钠。
⑫液氮。

2. 实验仪器

①恒温培养箱。
②恒温摇床。
③无菌工作台。
④植物培养房。
⑤微量移液器。

五、操作步骤

1. 拟南芥的培养

将拟南芥种子经 75%乙醇表面消毒 2min，之后用 1%次氯酸钠消毒 5min，去离子水洗 5 遍之后，在无菌工作台中将其平铺于 MS 培养基上，4℃春化 2 天，移入 22℃、光照 16h/黑暗 8h 的植物培养房中，1~2 周之后，将无菌苗转移至土和蛭石（3∶1）混合物上培养，定期浇水，保持土壤湿度。萌发后 5 周左右，拟南芥抽薹开花，可用于转化实验。

2. 农杆菌的转化

①将 10μl pCambia1300 质粒加入含有 100μl 农杆菌感受态细胞的 EP 管中，冰浴 20min，放入液氮中冷冻 1min，立刻置于 37℃水浴中 5min，继续冰浴 2min。

②加入 800μl 液体 LB，放入 28℃摇床中培养 5h，转速 200r/min。

③将培养的离心管放入离心机，6000r/min 离心 1min；移除上清 800μl，剩下 100μl 悬浮沉淀细胞，涂布在含有 60μg/ml Rif 和 75μg/ml Kan（浓度下同）的 LB 培养基平板上，28℃倒置培养 2 天。

注意：Rif 用于维持农杆菌 Ti 质粒，Kan 用于维持 pCambia1300 质粒。

④挑取单菌落接种于 5ml 含有 Rif 和 Kan 的 LB 液体培养基中，放入 28℃摇床，200r/min 培养 1~2 天。

3. 花滴染法侵染拟南芥

①从上述菌液中取 5μl 加入 5ml 含有 Rif 和 Kan 的 LB 液体培养基中，在 28℃摇床中 200r/min 培养 1 天左右，待菌液变为亮橙色，停止培养。

注意：如时间允许，可通过重复该步骤进行继代培养，有利于提高农杆菌的状态。

②取 1.5ml 菌液放入 2ml 离心管，6000r/min 离心 1.5min，弃去上清，0.5ml 转化缓冲液，将菌体均匀悬浮。

③利用 200μl 量程的微量移液器将悬浮的菌液滴加至拟南芥未开放的花蕾上，滴染之后将植物置于黑暗条件下过夜，第 2 天移至光照下正常培养。为了提高转化效率，可每 3 天滴染 1 次，一共滴染 3 次。

4. 转化植株的筛选

①滴染之后对拟南芥正常管理，待滴染花蕾形成的果荚成熟之后，进行收种。种子置于 37℃培养箱中干燥 2 天之后，可用于铺种筛选。

②将消毒的种子平铺于含有 50μg/ml 潮霉素的 MS 培养基上，春化 2 天后，放入植物培养房，转化成功的植株可在培养基上正常生长，没有转化的植株由于没有潮霉素抗性而死亡。可将转化植株移入土壤中生长，鉴定和收种。

注意：pCambia1300 的 T-DNA 中含有在植物中表达的潮霉素抗性基因，可用于转基因植物筛选。

六、实验报告

①简述实验的原理和流程。

②附上培养皿上农杆菌菌落照片、滴染前后植物照片和转化植株筛选照片。

③分析植株转化成功或失败的原因及讨论实验中的关键步骤对结果的影响。

七、思考题

①为什么通过农杆菌介导的花滴染法可以直接在后代获得转基因拟南芥植株？
②影响农杆菌介导的花滴染法转化效率的因素有哪些？
③滴染过程中使用的表面活性剂有什么作用？其浓度过高或者过低有何影响？
④如果将菌液滴染已经开放的花朵，能否在后代获得转基因植株？为什么？

实验 10　昆虫转基因操作

（黄立华）

一、实验目的

①掌握转基因家蚕的制备方法。
②掌握昆虫转基因的基本原理与操作流程。

二、实验原理

昆虫转基因技术是指运用转座子将从生物体中获得的目的基因或者由人工合成的基因片段，通过转座酶识别和断裂宿主基因组中的特异序列，引发转座，从而将目的基因整合入宿主的基因组内，得到稳定可遗传的转基因昆虫。

三、实验内容

显微注射家蚕卵，并通过荧光筛选获得阳性转基因家蚕。

四、实验材料、试剂及所用仪器

1. 材料与试剂

①刚羽化的家蚕成虫雌雄一对。
②家蚕成虫未交配或交配后 4℃放置少于一周。
③*piggyBac* 载体质粒和辅助质粒（helper plasmid）。
④30%（*V/V*）NaClO 溶液。
⑤*Taq* 酶。
⑥dNTP。
⑦T4 连接酶。
⑧DNA 限制性内切酶。
⑨DNA marker。

2. 实验仪器

①显微注射仪。
②普通光学显微镜。
③体视荧光显微镜等。
④离心机等。

五、操作步骤

1. 构建质粒

①目的片段的克隆（具体操作参见基础篇-实验2）。
②piggyBac 载体和目的片段的酶切与连接（具体操作参见基础篇-实验6）。
③将连接产物转化为大肠杆菌感受态细胞，并挑选阳性克隆（具体操作参见基础篇-实验7）。
④将挑选的阳性单克隆接到相应的 LB 液体培养基中培养，然后提取质粒（具体操作参见基础篇-实验5）。

2. 显微注射

①家蚕卵的准备：取刚羽化的家蚕成虫，1雌1雄配对，交配5~6h后拆对，取雌蛾置于上浆的牛皮纸上遮光产卵，一般家蚕将在10min内产卵（如果蚕蛾较多，可以在交配5~6h后先不拆对，将其成对放入4℃冰箱，待需要时取出拆对产卵，放置一周左右。

②浸卵：a. 对于单针注射系统，需要先做卵壳软化处理，收集30min内产的卵，并每隔30min收一次卵，剪下带有蚕卵的牛皮纸置于30%（V/V）NaClO溶液中浸泡5~10min（由于NaClO溶液见光易分解，该过程要避光处理，而且NaClO溶液要现用现配）。b. 对于双针注射系统，收集30min内产的卵，并每隔30min收一次卵，剪下带有蚕卵的牛皮纸置于清水中将牛皮纸浸湿。

③粘卵：将浸泡过后的牛皮纸取出，于清水中反复漂洗几次，小心地用吸水纸吸去蚕卵表面的水渍，然后用镊子轻轻地将蚕卵按照背侧向右整齐地排列在涂有一层浆糊或胶水的载玻片上（若卵的黏性不够，可在载玻片上涂一层浆糊或胶水）。

④显微注射：待卵粘实（浆糊干后），将载玻片放置于普通光学显微镜的载物台上；将 piggyBac 质粒（400ng/μl）与辅助质粒（400ng/μl）按体积比1∶1混匀，用加样器注入毛细玻璃管针中，小心地在针尖部位开一个大小适中的小孔（若是购买的毛细玻璃管针则不用开孔），然后将针装入显微注射仪，调整好视野后，从

蚕卵背侧中央开孔注射，每粒卵注射 10nl，注射过程最好在产卵后 2h 内完成。

⑤阳性个体的筛选：注射的卵记为 G0 代，待羽化为成蛾后与正常蛾交配，产卵后收集卵记为 G1 代。根据载体上的报告基因筛选阳性个体（一般选用 EGFP 或 Red 作为报告基因，在产卵后的第 7 天（即点青前一天）筛选，可在荧光显微镜下，根据荧光的有无来鉴定是否为阳性个体，阳性个体发绿色或红色荧光）。

六、实验报告

①简述整个实验流程。
②以图或表的形式列出每一个阶段性实验的结果。
③分析实验成败的可能原因，并给出未来的改进意见。
④讨论影响实验成败的关键步骤有哪些。

七、思考题

①比较单针注射系统和双针注射系统异同，分析两者阳性率的高低，并给出原因。
②请分析为什么注射过程最好在产卵后 2h 内完成？
③试分析为什么要从蚕卵的背部注射？

参 考 文 献

马三垣, 徐汉福, 段建平, 等. 2009. 家蚕转基因技术中若干因素对转基因效率的影响. 昆虫学报, 52(6): 595-603

唐丽莉, 陈斌, 何正波, 等. 2010. piggyBac 转座子及其转基因昆虫的应用. 安徽农业科学, 38(6): 2809-2811

赵天福, 韩冷, 王玉军, 等. 2013. 家蚕卵显微注射操作对蚕卵孵化及畸形蚕发生的影响. 昆虫学报, 56(5): 499-504

附 录

附录1 常用培养基和抗生素

(张晓娟)

一、常用培养基配方

①LB：称取蛋白胨 10g、酵母提取物 5g、NaCl 10g，加入约 800ml 去离子水，充分搅拌溶解，用 NaOH 调节 pH 至 7.2～7.5，定容至 1L，高温高压灭菌后，4℃保存。

②YEB：称取蛋白胨 5g、牛肉浸粉 5g、酵母提取物 1g、NaCl 10g、蔗糖 5g、$MgSO_4·7H_2O$ 4g，加入约 800ml 去离子水，充分搅拌溶解，用 NaOH 调节 pH 至 7.4～7.6，定容至 1L，高温高压灭菌后，4℃保存。

③SOB：称取蛋白胨 20g、酵母提取物 5g、NaCl 0.5g 置于 1L 烧杯中，加入约 800ml 去离子水，充分搅拌溶解，量取 10ml 250mmol/L KCl 溶液加入烧杯中，滴加 5mol/L NaOH 溶液（约 0.2ml），调节 pH 至 7.0，定容至 1L，高温高压灭菌后，4℃保存。使用前加入 5ml 灭菌的 2mol/L $MgCl_2$ 溶液。

④SOC：配制 1mol/L 葡萄糖溶液，向 100ml SOB 培养基中加入灭菌的 1mol/L 葡萄糖溶液 2ml，均匀混合，4℃保存。

⑤TB：称取蛋白胨 12g、酵母提取物 24g，甘油 4ml，加入约 800ml 去离子水，充分搅拌溶解，定容至 1L，高温高压灭菌，待溶液冷却至 60℃以下时，加入 100ml 灭菌的磷酸缓冲盐缓冲液（0.17mol/L KH_2PO_4，0.72mol/L K_2HPO_4），4℃保存。

⑥相应固体培养基：按照液体培养基配方准备好液体培养基，按照 15g/L 的比例加入琼脂粉，高温高压灭菌后，待培养基温度冷却至 50～60℃时，加入合适的抗生素，摇匀后缓慢倒入干净的平板上，待平板中的培养基凝固后，将平板倒置放入 4℃保存。

二、常用抗生素溶液

①氨苄青霉素溶液（100mg/ml）：称取 1g 氨苄青霉素粉末溶于 10ml 去离子水中，用无菌的 0.22μm 滤膜过滤除菌，分装后-20℃避光贮存备用。

②卡那霉素溶液（50mg/ml）：称取 0.5g 卡那霉素粉末溶于 10ml 去离子水中，

用无菌的 0.22μm 滤膜过滤除菌，分装后于–20℃避光贮存备用。

③氯霉素溶液（34mg/ml）：称取 0.34g 氯霉素粉末溶于 10ml 去离子水中，用无菌的 0.22μm 滤膜过滤除菌，分装后于–20℃避光贮存备用。

④利福平溶液（50mg/ml）：称取 0.5g 利福平加 10ml 二甲基亚砜（DMSO）中，用无菌的 0.22μm 滤膜过滤除菌，分装后于–20℃避光贮存备用。

三、1mol/L IPTG 贮备液

称取 2.38g IPTG 溶于 8ml 去离子水中，充分溶解后定容至 10ml，用 0.22μm 滤膜过滤除菌，分装成小份（1ml/份）后于–20℃保存。

四、X-Gal（20mg/ml）

称取 1g X-Gal 置于 50ml 离心管中，加入 40ml 二甲基甲酰胺（DMF），充分混合溶解后，定容至 50ml。分装成小份（1ml/份）后于–20℃避光保存。

附录2　常用试剂的配制

（张晓娟）

一、常用缓冲液

①10×TE 缓冲液：量取 100ml 1mol/L Tris-HCl buffer（pH=8.0），20ml 0.5mol/L EDTA（pH=8.0）置于 1L 烧杯中，加入约 800ml 去离子水，充分搅拌溶解，用去离子水定容至 500ml，高温高压灭菌后，室温保存。

②50×TAE：称取 Tris 242g、Na_2EDTA-$2H_2O$ 37.2g 置于 1L 烧杯中，加入约 800ml 去离子水，充分搅拌溶解，加入 57.1ml 乙酸，混匀，用去离子水定容至 1L，室温保存。

③5×TBE：称取 Tris 54g、Na_2EDTA-$2H_2O$ 3.72g、硼酸 27.5g 置于 1L 烧杯中，加入约 800ml 去离子水，充分搅拌溶解，用去离子水定容至 1L，室温保存。

④磷酸缓冲液（PBS）（pH=7.2～7.4）：称取 NaCl 8g、KCl 0.2g、Na_2HPO_4 1.42g、KH_2PO_4 0.27g 置于 1L 烧杯中，加入约 800ml 去离子水，充分搅拌溶解，滴加浓盐酸调节 pH 至 7.2～7.4，用去离子水定容至 1L，高温高压灭菌后，室温保存。

⑤5×Tris-甘氨酸 SDS-PAGE 缓冲液：称取 Tris 15.1g、甘氨酸（电泳级）94g、SDS 5g 置于 1L 烧杯中，加入约 800ml 去离子水，充分搅拌溶解，用 NaOH 调节 pH 至 8.3，用去离子水定容至 1L，室温保存。

⑥2×蛋白质上样缓冲液：称取 SDS 2g、溴酚蓝 0.16g 置于 200ml 烧杯中，加入 2ml 1mol/L Tris-HCl（pH 8.0）、10ml 1 mol/L DTT、20ml 甘油，用去离子水定容至 100ml 后，4℃保存。

⑦6×DNA 上样缓冲液：称取 EDTA 4.4g、溴酚蓝 250mg、二甲苯青 250mg 置于 500ml 烧杯中，加入约 200ml 去离子水，加热搅拌充分溶解，加入 180ml 甘油后，用 2mol/L NaOH 调节 pH 至 7.0，用去离子水定容至 500ml 后，室温保存。

⑧转移缓冲液：称取甘氨酸 14.4g、Tris 3g、SDS 1g 置于 1L 烧杯中，加入约 600ml 去离子水，充分搅拌溶解，用去离子水定容至 800ml 后，加入 200ml 甲醇，室温保存。

⑨Western 膜清洗液（TBST）：称取 NaCl 8.8g，1mol/L Tris-HCl（pH=8.0）20ml

置于 1L 烧杯中，加入约 800ml 去离子水，充分搅拌溶解后，加入 0.5ml 吐温 20 充分混匀，用去离子水定容至 1L，4℃保存。

二、常用试剂的配制

①30% Acr/Bis：称取丙烯酰胺 29g、N,N'-亚甲基双丙烯酰胺 1g 置于 200ml 烧杯中，加入约 80ml 去离子水，充分搅拌溶解，用去离子水定容至 100ml，用 0.45μm 滤膜过滤后，4℃避光保存。

②1.5mol/L Tris-HCl（pH 8.8）：称取 Tris 18.17g 置于 200ml 烧杯中，加入约 80ml 蒸馏水溶解，用 HCl 调节 pH 至 8.8，用去离子水定容至 100ml 后，常温保存。

③1.0mol/L Tris-HCl（pH 6.8）：称取 Tris 12.1g 置于 200ml 烧杯中，加入约 80ml 去离子水，充分搅拌溶解，用 HCl 调节 pH 至 6.8，用去离子水定容至 100ml 后，常温保存。

④10% SDS（pH 7.2）：称取 10g SDS 溶于 80ml 蒸馏水，68℃加热溶解后，滴加浓盐酸调节 pH 至 7.2，用去离子水定容至 100ml 后，室温保存。

⑤10%APS：称取 0.1g 过硫酸铵，溶于 1ml 蒸馏水，现配现用。

⑥0.5mol/L EDTA（pH 8.0）：称取 186.1g $Na_2EDTA\text{-}2H_2O$ 置于 1L 烧杯中，加入约 800ml 去离子水，充分搅拌溶解，用 NaOH 调节溶液的 pH 至 8.0，用去离子水定容至 1L，高温高压灭菌后，室温保存。

⑦3mol/L 乙酸钠（pH 5.2）：称取 40.8g 三水合乙酸钠（$NaAc\cdot 3H_2O$）置于 200ml 烧杯中，加入约 40ml 去离子水，充分搅拌溶解，用冰醋酸调节 pH 至 5.2，用去离子水定容至 100ml，高温高压灭菌后，室温保存。

⑧10×TE（100mmol/L Tris-HCl，10mmol/L EDTA，pH 7.4）：在 1L 烧杯中加入 100ml 1mol/L Tris-HCl（pH 7.4）和 20ml 500mmol/L EDTA（pH 8.0），补充去离子水至 1L，混合均匀。高温高压灭菌后室温保存。

⑨10×TBS：称取 Tris 12.1g、NaCl 44g 置于 1L 烧杯中，加入约 400ml 去离子水，充分搅拌溶解，用 HCl 调节 pH 至 8.0，用去离子水定容至 500ml，高温高压灭菌后，室温保存。

⑩抗体稀释液（1% BSA）：称取 1g 牛血清白蛋白（BSA），加入 100ml TBST buffer 中，充分搅拌溶解，于 4℃保存，现配现用。

⑪封闭液（3% BSA）：称取 3g 牛血清白蛋白（BSA），加入 100ml TBST buffer 中，充分搅拌溶解，于 4℃保存，现配现用。

⑫染色液：称取 1g 考马斯亮蓝 R-250，溶于 450ml 甲醇，加入 100ml 冰乙酸，用去离子水定容至 1L，用滤纸过滤除去颗粒物质后，室温保存。

⑬脱色液：量取 450ml 甲醇、100ml 冰醋酸，用去离子水定容至 1L，室温保存。

附录 3　引 物 设 计

（黄立华）

一、普通 PCR 引物设计原则

①引物应用核酸系列保守区内设计并具有特异性。
②避免引物内和引物之间的二级结构。
③引物长度一般为 18～25 个碱基。
④G+C%为 40%～60%，避开局部富含 GC 或 AT，3'端避开富含 AT 的结构。
⑤碱基要随机分布。
⑥引物自身不能有连续 4 个碱基的互补。
⑦引物之间不能有连续 4 个碱基的互补，特别是 3'端的 3 个碱基。
⑧两个引物的 T_m 值要接近。
⑨引物 5'端可以修饰，引物 3'端不可修饰。

二、实时定量 PCR 引物设计原则

①引物的长度为 18～25 个核苷酸。
②引物的 T_m 值定为 58～65℃。
③引物的 3'端 5 个核苷酸中不要含有 3 个以上 G 或 C，3'端 3 个核苷酸中不要含有 2 个以上 G 或 C，3'端不要为 T。
④引物的 G+C%为 40%～60%，最好为 45%～55%。
⑤扩增产物的长度为 75～300bp，最好为 75～150bp。
⑥两条引物之间尽量不要有互补序列，特别是 3'端之间不要有 3 个以上碱基的连续互补。
⑦退火温度设置为 55～65℃，最好为 58℃以上。

三、RACE 引物设计原则（采用 Clontech 试剂盒扩增）

①5'RACE 用反义引物，3'RACE 用正义引物，RACE 产物≤2kb。
②引物的长度为 23～28 个核苷酸。

③引物的 T_m 值>70℃。
④引物的 G+C% 为 50%~70%。

四、overlap PCR 引物设计原则

①通常引物长度为 25~45bp，我们建议引物长度为 30~35bp。一般都是以要突变的碱基为中心，加上两边的一段序列，两边长度至少为 11~12bp。若两边引物太短，很可能会造成突变实验失败，因为引物至少 11~12bp 才能与模板搭上，而这种突变 PCR 要求两边都能与引物搭上，所以两边最好各设至少 12bp，并且合成多一条反向互补的引物。

②如果设定的引物长度为 30bp，接下来需要计算引物的 T_m 值，看是否达到 78℃（GC 含量应大于 40%）（实际操作中 T_m 设定为 68~75℃就可以，引物长度为 24~30bp）。

③如果 T_m 值低于 78℃，则适当改变引物的长度以使其 T_m 值达到 78℃（GC 含量应大于 40%）。

④设计上下游引物时确保突变点在引物的中央位置。

五、引物溶液的配制

①瞬时离心，将寡聚核苷酸引物收集到管底。

②加入一定量的去离子水配成 100μmol/L 的存储液。去离子水的加入量（μl）=纳摩尔数×10。

③重复混匀，并瞬时离心。

④转移 10μl 至一个新的 1.5ml 离心管，并加入 90μl 去离子水，配成 10μmol/L 的工作液。

⑤-20℃保存。

附录4 推荐阅读书目

(黄立华)

Ausubel F M. 2008. 精编分子生物学实验指南(第五版). 金由辛等译校. 北京: 科学出版社
Baker K. 2014. 生物实验室管理手册(第二版). 王维荣译校. 北京: 科学出版社
Green M R. 2017. 分子克隆实验指南(原书第四版). 贺福初主译. 北京: 科学出版社
吴乃虎. 2016. 基因工程原理(第二版). 北京: 科学出版社